図解 プレミアム

眠れなくなるほど面白い

数学の定理

教育評論家
小宮山博仁
監修

日本文芸社

❖まえがき

5年前に『眠れないほど面白い 図解 数学の定理』を上梓した頃に比べ、世の中の状況はさらに急激に変化しています。ここ2、3年間で我々は100年に1度あるかないかの、未知の世界の感染症に遭遇してしまいました。新型コロナウイルス（COVID-19）があっという間に全世界に拡がり、多くの人々が恐怖におののきました。連日テレビの報道番組や新聞などで正確な情報を手に入れようと真剣に考え、身の危険を感じながら仕事をし、不要不急の用事を避けるという行動をとりました。

エビデンスという聞き慣れない用語や、推測統計学をもとにした感染拡大の数字が連日、目や耳に入ってきて今もその状況が続いています。ロシアのウクライナ進攻をきっかけにエネルギー価格が上昇し、為替が急激な円安に下振れした状況も続き、ガソリンや身近な食料品を中心に物価の値上がりが顕著です。これから先の経済に不安を感じる市民も多くなってきたのではないでしょうか。

このような時代で生きていくためには、我々もそれなりの装備が必要になってきます。これからの経済の動きや新型コロナ感染症の現状を正確に知るためには、確かな情報、すなわちエビデンスが必要となってきます。今の感染症拡

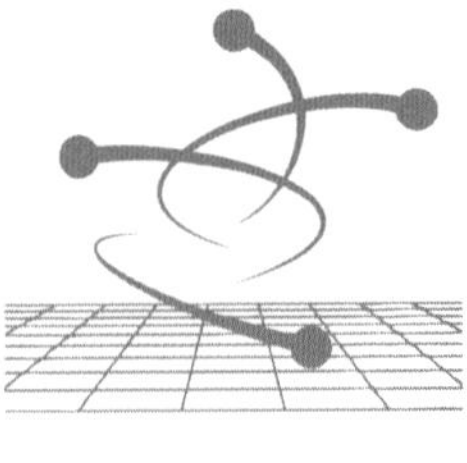

大予測は、残念ながらほぼその通りになってしまいました。
ウイルスの伝わり方や広まり方の予測は、スーパーコンピュータ富岳などを使っています。ある程度のデータが集まると、推測統計学の手法などで専門家は的確な予測をします。この統計学は確率と微分積分を利用した学問で、ここ10年で急速に発達した分野です。また、エビデンスにもとづいた情報を仕入れ、それをもとにして、自分で考えて行動しなくてはならない危険な状況下であるのが今の日本です。できるだけリスクを避けるための行動をとるには、ロジカルな発想が役立つことは言うまでもありません。そのロジカル（論理的）な発想のトレーニングは、数学の定理を学ぶのが早道の一つです。

本書は、「数学の定理」を、〝こんなふうに考えると人生にプラスになるのでは〟という視点でまとめてあります。論理的思考力を養えば、危機が迫っているときに多い、フェイクなニュースにひっかかる確率は少なくなるはずです。数学の知識や考え方は役に立ちます。もし理解しにくいところがあったなら、学校と違って試験などはないのですから、飛ばして読んでもOKです。さあチャレンジしてみましょう。

2023年7月吉日　小宮山博仁

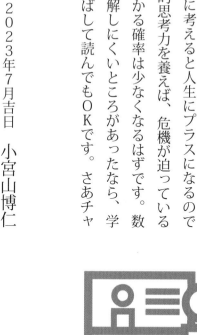

眠れなくなるほど面白い
図解プレミアム 数学の定理
目次

序章 数学の定理のルーツと発展の歴史

第1章 思い出したい数学の定理

第4章 思わず人に話したくなる数学の定理

第5章 論理力が身につく 数学の話

・カバーデザイン／BOOLAB.
・本文DTP／松下隆治
・本文イラスト／長野 亨 他
・編集協力／オフィス・スリー・ハーツ

序章

数学の定理のルーツと発展の歴史

日常生活を支えている数学の定理

◆私たちの生活を支えている数の世界

数学の定理は難解なものであり、自分たちにとっては無縁なものであると思っている人もいますが、実は数学の定理は私たちの生活にはなくてはならないものであり、日常生活の様々な場面で活用されているのです。

定理のなかでも有名な「ピタゴラスの定理」(三平方の定理)は、距離の計算などによく使われます。

ちょっと難しいところでは、宇宙へ衛星を打ち上げる速度を計算する際に使われています。その場合、地球の表面から地球に水平に、衛星が落ちることなく、また離れることもなく地球を飛び出し、軌道に乗る速さを計算すればよいことになります。

つまり、1秒間に何㎞の速度で飛ぶのか、ピタゴラスの定理でその速さを求めることができるのです。

土地の測量には正弦定理が応用されます。

しかし、A、B間の2地点間の距離を測るとき、地点間に山や川などの障害物があるときは、直接計測することはできません。

そんなときには障害物のないC地点を選んで三角形を作り、余弦定理を活用すれば、目的の距離であるAB間の距離を求めることができるのです。

今や我々の生活になくてはならないスマホですが、**スマホの電波のシステムは、周波数によって電波同士が混線しないようになっています。**

つまり隣接するエリアでは同じ周波数の基地を設けないようにしているのです。この分類方法には4色定理が使われています。

数学の定理によって世の中は便利になりました

生活に密着している数学の定理

ピタゴラスの定理 ＝距離や速さを求められる

正弦定理 ＝土地の測量に使用される

余弦定理 ＝障害物のある2点間の距離が測れる

数学の定理は日常生活では不可欠なもの。知らない気がつかないところで重要な役割をになっています

正弦定理

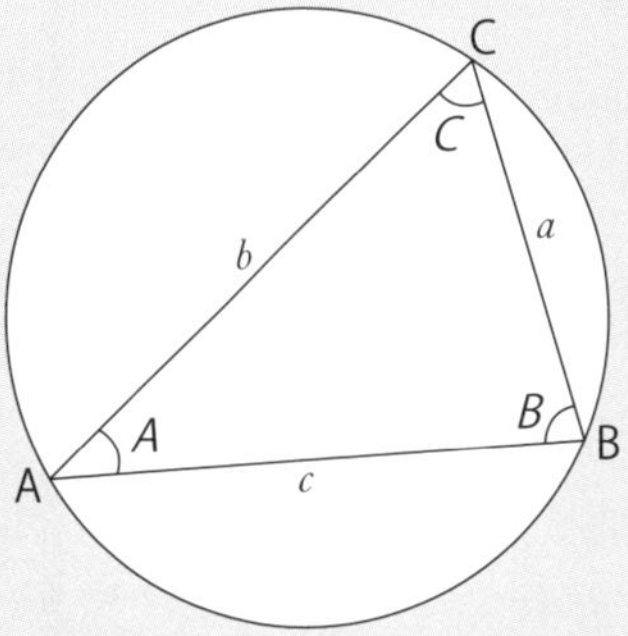

Rは△ABCの外接円の半径

$$\frac{a}{\mathrm{Sin}A}=\frac{b}{\mathrm{Sin}B}=\frac{c}{\mathrm{Sin}C}=2R$$

(詳しくは24ページ参照)

余弦定理

$$a^2=b^2+c^2-2bc\cos A$$
$$b^2=c^2+a^2-2ca\cos B$$
$$c^2=a^2+b^2-2ab\cos C$$

(詳しくは26ページ参照)

携帯電話のエリア分けやグラフ、地図の作成にも数学の定理は使われています
(詳しくは第2章参照)

定理の研究は3千年以上前からおこなわれていました

数学の定理はロジカルな発想を豊かにする

◆数学の美しさと難しさ

公理や定義から導き出され、正しいことが証明されたものを「定理」といいます。定理とよばれるものは、数式を証明する際の根拠として、また数学を考える基本的思考のもととなるものとして応用されるという特徴があります。そのため使いやすく、応用がしやすいことが大切な条件となるのです。その一方で、証明することが最終的な目標とする定理も存在しています。数学の定理はロジカルな発想を豊かにする究極の方法です。

多くの定理には、数字の美しさを追求した一面があります。定理を見ていくと、○○予想というものに出合うことがあります。これは、数学のなかには「○○予想」とよばれるものがいくつかあるからです。○○には、人の名前が入り、○○さんが予想をしたけれど、そのことについては、証明がなされていないというものです。**証明がなされて、はじめて定理とよばれます。**

有名なものには「ゴールドバッハの予想」「フェルマーの予想」などがあります。ゴールドバッハやフェルマーが予想したけれど、その証明ができていないというわけです（フェルマーの予想は1995年に証明されました）。

命題そのものは、決して難しいわけではありませんが、証明が難しいために、世界中の数学者たちが、何十年間も証明に頭を悩ませているのです。ゴールドバッハの予想は最近になってコンピュータで計算したところ、予想はほぼ正しいとされましたが証明はされていません。

数字の美しさを追求した数学の定理

定理と予想との違いはどこか?

定理とは

公理や定義から導き出された → 正しいことが証明されたもの

特徴

数学の基本的思考のもととなるため使いやすく、応用がしやすい数学的思考としての究極の到達点となることもある

予想とは

ゴールドバッハの予想

「4以上のすべての偶数は、2つの素数の和である」

たとえば

4=2+2

6=3+3

8=3+5

10=3+7

素数

自然数で、それを割り切る数（約数）が、1とそれ自身でしかないもの（ただし1は素数とは考えない）

2,3,5,7,11,13,17,19,23,29,31,37,41,43………

素数が無限に存在することは、ユークリッド（古代ギリシアの数学者）によって証明されている

フェルマーの最終定理

$X^n = Y^n + Z^n$（$n \geqq 3$）

「nが3以上の自然数である場合にこの式をみたす自然数X, Y, Zは存在しない」

未だに証明されていない定理は存在しています

数学の定理の発見と日常生活への応用

◆定理の歴史とその重要性

数学の定理の研究は紀元前の古代からおこなわれており、**数学でもっとも古い定理は、古代バビロニア人やエジプト人によって発見され、建築や測量などの分野で活用されました。**その中で特に有名なのが「ピタゴラスの定理」です。この定理は紀元前6世紀、古代ギリシヤの数学者のピタゴラスによって発見された定理で、直角三角形の3辺の長さの間に成り立つ関係のことをいいます。古代エジプト人はピタゴラスの定理を使用してピラミッドの高さなどを測定したといいます。この定理は現在でも建築、工学、天文学などの多くの分野で応用されています。

13世紀になると、イタリアの数学者、レオナルド・フィボナッチがフィボナッチ数列を発見。この数列は自然界や芸術分野などと密接な関係があります。コスモスやひまわりなどの花びらの数とフィボナッチ数列とが、関係があるのは有名です。

17世紀には、イギリスの数学者、アイザック・ニュートンが運動の3法則を発見したことは忘れてはいけません。この法則は、工学や天文学などの分野で応用されています。

18世紀では、「数学の王様」とよばれているドイツの数学者カール・フリードリヒ・ガウスが、幾何学と代数学における重要な定理の発見をし、その後の数学に大きな影響を与えています。

数学の定理の研究は現在も、多くの数学者の間で続けられています。定理の発見は、数学の発展のみならず、私たちの生活を豊かで便利なものにするために重要なものなのです。

定理なしには私たちの生活は成り立ちません！

数学の定理の歴史とその重要性

数学の定理の研究　紀元前からおこなわれる

もっとも古い定理は建築や測量などに活用

ピラミッドの高さを測量

数学の定理を発見した数学者たち

13世紀
［レオナルド・フィボナッチ］

17世紀
［アイザック・ニュートン］

18世紀
［カール・フリードリヒ・ガウス］

（84ページ参照）

（104ページ参照）

（130ページ参照）

［数学の定理は私たちの生活を支えています］

古代ギリシヤ人によって定理の研究は始まりました

日常生活に影響を与えた数学者①

ユークリッド

（ギリシャ名・エウクレイデス）

（紀元前330年〜紀元前275年）　※明確ではない

「幾何学の父」と称された古代ギリシャ時代の数学者

私たちが学校で習う幾何学は「ユークリッド幾何学」です。**ギリシャ数学の代名詞のようにいわれるユークリッドとは、数学者の名前です。ユークリッドは数学を体系化し『原論』をまとめました。**

『原論』は、2000年以上もの歳月、聖書に次ぐベストセラーとして読み継がれてきました。しかし、ユークリッドがどのような人物であったのか、明確な記録は残ってなく未だに不明です。

プラトンがギリシャの北西部郊外、アカデメイアに開いた学校で、数学の基礎を築いたのですが、その考えをもとにユークリッドは、幾何学の教科書・『幾何学原論』を書いたのです。

五つの公理と五つの公準から始まる『原論』

ユークリッド原論

点とは何か？　　直線とは何か？

↓

［これらを定義することで仮説を立てることができる］

↓

公理

公理とは命題を導き出すための前提として導入されるもっとも基本的な仮定

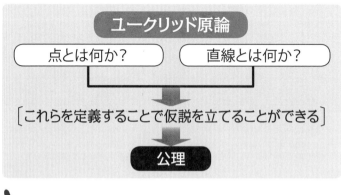

を使って、ユークリッドは古代エジプトの王・プトレマイオスⅠ世（起元前367年〜紀元前283年）に幾何学の講義をしていたのですが、そのとき王は『原論』によらずとも幾何学を学ぶことはできないのか」と尋ねました。

これに答えて、**ユークリッドは「幾何学に王道はありません」と言いました。つまり、たとえ王さまでも〝学問に王道はなし〟ということを言ったのです。**

また、ある青年がユークリッドから幾何学を学んでいるときに「こんな難しいことを学んで何の得になるのですか？」と質問しました。

ユークリッドはすぐさま使用人を呼び、「この青年は、勉強をすることは何かの得にならなければならないと考えているようなので、この青年にお金をあげなさい」と言ったという記録があります。そしてユークリッドはその学生を学校から追い出しました。

ユークリッド原論

平面幾何	整数論	実数論	立体幾何
第1巻〜第6巻	第7巻〜第10巻		第11巻〜第13巻

ユークリッド原論

ユークリッド原論は全13巻から成り立っています

公準 の例

- 任意の2つの点を通る直線はただ1本存在する
- 線分は直線にいくらでも延長できる
- すべての直角は互いに等しい
- ある点を中心として、任意の半径で円を描くことができる

公準とは命題を導き出すための前提として導入される基本的な考えです

Column 1

サルも木から落ちるは本当のこと？

成功確率99％の仕事があったと仮定してみます。10回連続して成功する確率は、0.99×0.99×0.99×……×0.99というように、0.99を10回掛けると求めることができます。その答えは約0.9です。すなわち10回連続して成功する確率は約90％となります。

つまりこれは、10回に1回は失敗する可能性があることを示しているのです。連続して100回成功する確率はさらに下がり、その成功確率は約37％です。

99％の成功確率といえば、その分野ではプロ、すなわち達人レベルに入っていると思います。それでも連続して成功を続けるのは難しいのです。

確率で考えると「サルも木から落ちる」ということわざのように、プロでも失敗することがあるということがわかります。

第1章

思い出したい数学の定理

ピタゴラスの定理

◆多くの分野で活用される直角三角形の定理

ピタゴラスの定理は、紀元前500年頃に古代ギリシヤの数学者ピタゴラスによって発見された定理で、彼の名前にちなんで名付けられました。

ピタゴラスの定理は、直角三角形において、直角を挟む2辺の長さをaとb、斜辺の長さをcとすると、$a^2+b^2=c^2$という関係が成り立つという、直角三角形における辺の長さの関係を示す重要な数学の定理です。

この定理は直角三角形の3辺の長さを求めるためによく使われます。たとえば、2辺の長さがわかっている場合に、他の1辺の長さを求めることができます。また、2点間の距離を求めるためにも使われます。

ピタゴラスの定理は、数学だけでなく、建築、測量、工学など、様々な分野で応用されています。たとえば、建築の分野では、建物の土台になる部分の長さや高さを計算するために使われています。また、測量の分野では、土地の面積や距離を測定するときに活用され、工学の分野では、橋や建物の強度を計算するためにも使われています。

このように**ピタゴラスの定理は、2500年以上前に発見された古い定理**ですが、今日でもなお、様々な分野で応用されている重要な定理なため、数学の基礎として重要な役割を果たすだけでなく、世の中の様々な問題解決にも適用できる強力なツールです。

ピタゴラスの定理の証明には、様々な方法がありますが、一般的な証明方法としては、21ページのように直角三角形を囲む正方形を使っておこなう方法が有名です。

数学の基礎となる定理のひとつがピタゴラスの定理

ピタゴラスの定理を証明してみる

ピタゴラスの定理は、別名「三平方の定理」ともよばれるもので、初等（ユークリッド）幾何学のなかで、最もよく知られた定理です。

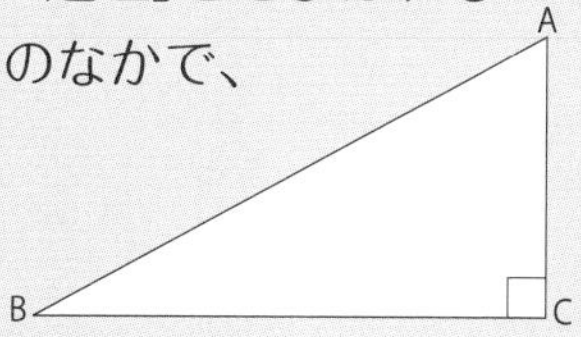

∠Cを直角とする直角三角形ABCにおいて次のことが成り立ちます。$AC^2+CB^2=AB^2$。逆に、三角形ABCにおいて、左の式が成り立つならば、∠Cは直角となります。

三平方の定理は、古代エジプトの時代から土地の面積を測量するための方法として用いられていました。

土地に棒杭を立て、その棒杭にひもを結んだりすることで、面積の測量をしていたのです。

ピタゴラスの定理の証明

一辺が$b+c$となっている正方形の面積は$(b+c)^2$となる。この正方形は、底辺がbで高さがcの直角三角形が４つと、斜辺の長さがaの正方形で構成されている。

４つの三角形と小さな正方形をたした大きな正方形の面積は　$4\times\frac{bc}{2}+a^2$ である

ゆえに $(b+c)^2=4\times\frac{bc}{2}+a^2$

$b^2+2bc+c^2=2bc+a^2$

$a^2=b^2+c^2$ となる

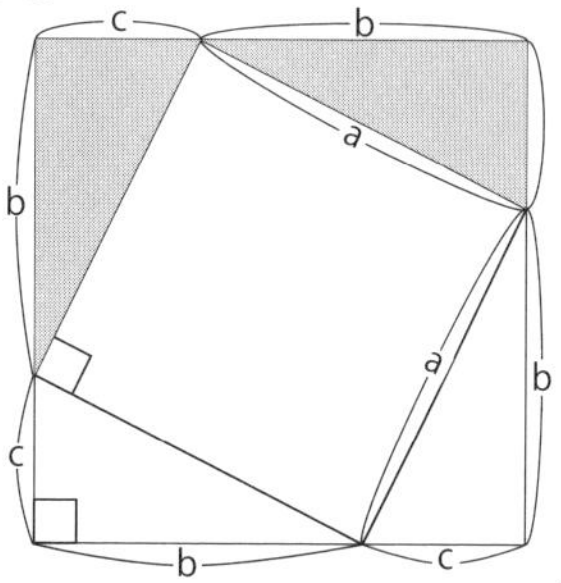

（別解）

$(b+c)^2-a^2=\frac{bc}{2}\times4$

$b^2+c^2-a^2+2bc=2bc$

$a^2=b^2+c^2$

ピタゴラスの定理は中学校でも教わる有名は定理です

ヒポクラテスの定理

◆直角三角形と三日月の面積は等しい

ヒポクラテスの定理は、直角三角形の辺の長さに関連する、幾何学の定理のひとつです。**この定理は、角Aが直角である直角三角形ABCで、辺AB、AC、BCを直径とする半円を【図】のようにすべて同じ側に描いたとき、二つの三日月型の面積の和は直角三角形の面積に等しい、ということをいいます。**この定理は紀元前5世紀頃、古代ギリシャの数学者のヒポクラテスが発見したことから、その名にちなんで名付けられました。

彼は円積問題に関係する図形を発見した数学者でした。

円積問題とは、与えられた円の面積と等しい面積を持つ正方形を作図する問題です。ヒポクラテスの三日月は、円積問題を解決する最初の試みのひとつです。

ヒポクラテスの定理の証明は、三日月の面積が半円の面積に等しいという事実を説明する必要があります。これをロジカルな方法で証明してみましょう。

【図】のS_1とS_2をたした面積は、S_3の面積と等しいことを証明できればいいわけです。S_1とS_2をたした面積は、ABを直径とした半円、ACを直径とした半円、それに直角三角形のS_3の面積をたし、それからBCを直径とした半円をひくことによって求められます。証明方法は23ページのようになります。

【図】のように、ヒポクラテスの定理によって直角三角形と面積が等しいとされる部分が三日月の形をしていることから、これを**「ヒポクラテスの三日月」**とよびます。

ピタゴラスの定理を拡張したのがヒポクラテスの定理

ヒポクラテスの定理を証明してみる

三角形ABCの各辺、AB、AC、BCを直径とする半円を描きます。AB、ACの半円からBCでできる半円の中の三角形ABCの面積をひいたときにできる、弓形S_1、S_2の面積をたしたものは、三角形ABCの面積S_3と等しくなります。すなわち$S_1+S_2=S_3$となります。これをヒポクラテスの定理といいます。

【図】

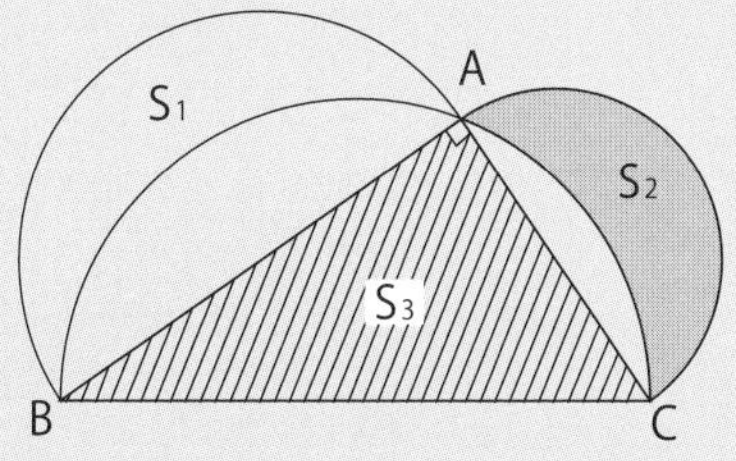

ヒポクラテスの定理の証明

$$S_1+S_2=S_3+\left(\frac{AB}{2}\right)^2\pi\cdot\frac{1}{2}$$ …… ABを直径とする半円の面積

$$+\left(\frac{AC}{2}\right)^2\pi\cdot\frac{1}{2}$$ …… ACを直径とする半円の面積

$$-\left(\frac{BC}{2}\right)^2\pi\cdot\frac{1}{2}$$ …… BCを直径とする半円の面積

$$=S_3+\frac{\pi}{2}\cdot\frac{1}{4}\underbrace{(AB^2+AC^2-BC^2)}_{\text{三平方の定理から0}}$$

$$=S_3$$

ゆえに

$S_1+S_2=S_3$　となる

ピタゴラスの定理は三平方の定理を使うと証明できます

正弦定理

◆三角形の辺と角度の間にある関係

直角三角形の頂点の角度を使って、辺の長さの比をあらわすのが三角比ですが、三角関数は角度の関数のことです。**三角関数は、三角比を関数として扱うことから考えられたものです。**

三角形のもつ性質を利用した三角測量の歴史は、紀元前2世紀頃にヒッパルコスが三角法を創始して、正弦をつくったといわれています。

三角関数が測量に使われることは、すでに述べました。三角測量という方法は、測量する部分を三角形で順に埋めて、測量をする方法です。

三角測量の原理は、三角形の1辺とその両端の2角から、他の2辺を計算で割り出すというもので「正弦定理」とよびます。

1辺とその両端A、Bの角度だけわかれば、もう1点であるCまでの長さが計算できるという定理なのです。

高校の数学で習った記憶のある方もいると思いますが、「sin（サイン）」は正弦という意味です。それをもとに、正弦定理という用語が生まれました。

日常生活において正弦定理はどのようなときに利用されているのでしょうか。三角測量からは広いスペースを測量することが可能なので、広範囲な測量をすることに応用されています。

たとえば、地球から月までの距離や、人工衛星までの距離なども、この方法で求めることができるのです。数学の定理は様々なところで活用されているのです。

三角関数は測量の世界では重要な定理なのです

正弦定理の性質を理解しておこう

正弦定理

$$\frac{a}{\sin A} = \frac{b}{\sin B} = \frac{c}{\sin C} = 2R$$

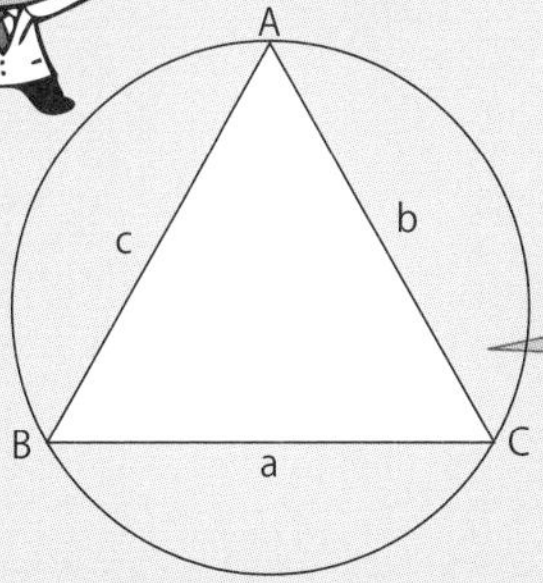

三角形の頂点の内角を、A、B、C、とし、その対辺の長さをa、b、c、とする。三角形ABCの外接円の半径をRとしたとき、正弦定理が成り立つ

〈三角測量の考え方から、月までの距離を測る〉

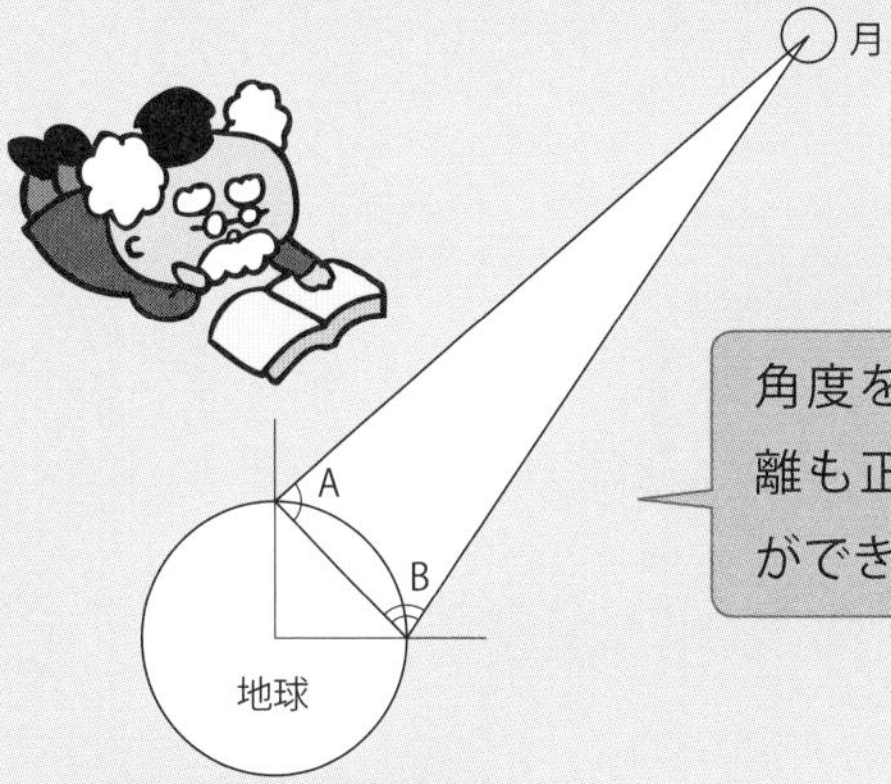

角度を測ることで月までの距離も正弦定理で計算することができる

三角比の定義

$$\sin\theta = \frac{高さ}{斜辺} = \frac{b}{c}$$

$$\cos\theta = \frac{底辺}{斜辺} = \frac{a}{c}$$

$$\tan\theta = \frac{高さ}{底辺} = \frac{b}{a}$$

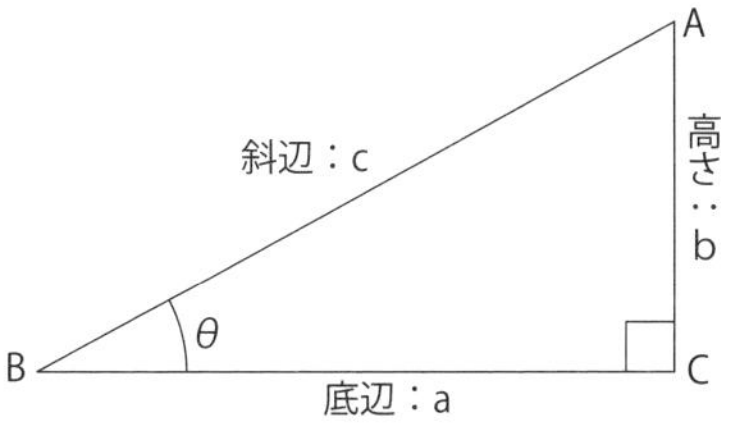

三角関数から直角三角形の角度がわかります

余弦定理

◆三角形の内角と辺の長さとの関係

たとえば、あるA、Bの2地点間の距離を測ろうとするときに、A、Bの間には建物や木々、あるいは山などがあったとします。このように直接測量することができない場合にも、三角関数を利用すると、A、B間の距離を求めることができるのです。

測ろうとするAとB両地点から、それぞれ見通すことのできる地点を定め、Cとします。そしてAC、BCのそれぞれの距離を測ります。

次にCの角度を測ります。これだけわかれば、三角関数を使ってABの長さを測ることができるのです。

三角形の2辺の長さとその辺が挟む角度がわかっているときに、もう1辺の長さを求める方法を余弦定理といいます。

「余弦定理」は、三角形ABCの1辺に垂線をおろし、二つの直角三角形をつくることから考える方法です。

三角関数とピタゴラスの定理を利用して求めることができます。

余弦定理は、直角三角形ACHと直角三角形AHBから導くことができます。

余弦定理にはcos（コサイン）を使用します。コサインとは余弦という意味です。直角三角形の斜辺の長さをc、底辺をbとしたときに$\cos\theta$はb/cで求められます。

60°の角度の三角形の$\cos\theta$は$\frac{1}{2}$となります。斜辺÷底辺が$\cos\theta$を求める式ですから、斜辺が底辺の2倍の三角形はその角度が60°であることがわかります。

25ページの三角比の図を参照。

余弦定理はどんな三角形にも使える定理です

余弦定理の性質を理解しておこう

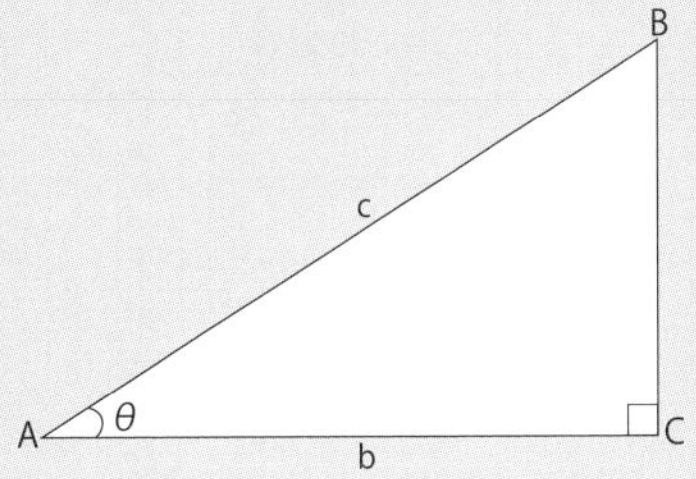

＜余弦とは＞

斜辺の長さをc、底辺の長さをb

$\cos\theta = \frac{b}{c}$

$$c^2 = a^2 + b^2 - 2ab\cos C$$

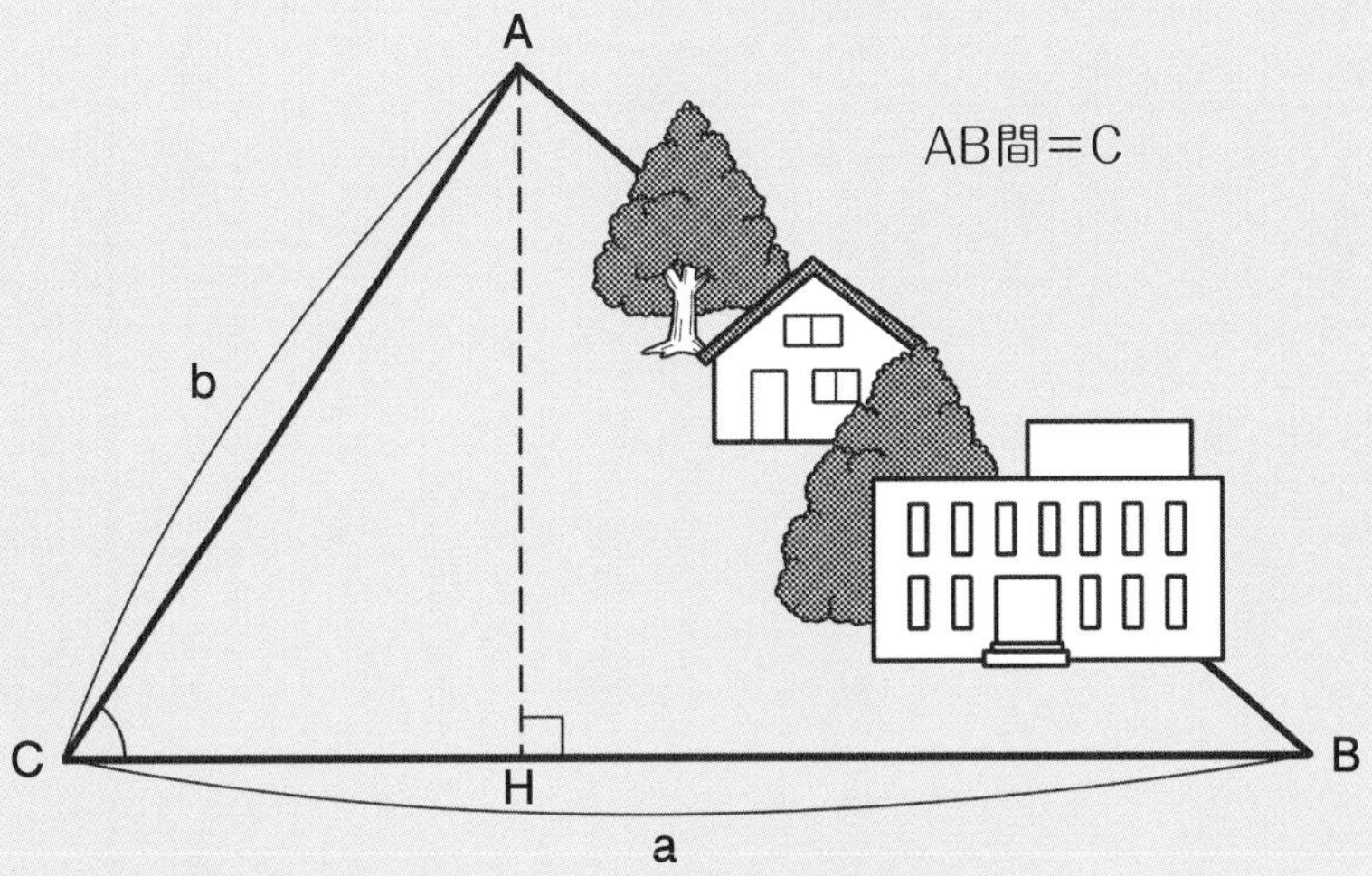

- ABの間の距離を測りたいが、間に木や家など建物があって直接測ることができないときに、余弦定理を使う
- 任意の地点Cを定め、ACとCBの距離を測る
- 直角三角形ACH、AHBをつくり三角関数とピタゴラスの定理から余弦定理を導く

三角形の2辺と１角が分かれば残りの辺の長さがわかります

円周角の定理と接弦定理

◆接線と円周角の等しい角との関係

円周上にある1点を通る、2本の弦からできる角を円周角といいます。 29ページの【図A】を見てください。弦とはPA、PBのことです。この2つの弦、PAとPBからできる角、すなわち∠APBのことを円周角といいます。

円周角の大きさは、

・弧が半円より小さいとき……鋭角
・弧が半円に等しいとき………直角
・弧が半円より大きいとき……鈍角

となります。鋭角とは角度が90度より小さい角度、鈍角とは90度より大きい角度のことをいいます。

円周角の定理とは、

「1つの弧に対する円周角は常に一定であり、同一の弧に対する中心角の$\frac{1}{2}$となる」

というものです。もう一度【図A】を見てください。

中心角とは∠AOBです。弧ABがつくる円周角は∠APBです。中心角の$\frac{1}{2}$が円周角となるのが円周角の定理です。

接弦定理とは、「円の接線とその接点を通る弦の作る角が、その角の内部にある弧に対する円周角に等しい」というものです。【図B】を見てください。

接点AとATは接線とします。接点Aを通る弦とはABのことです。このような関係にある場合、接線ATと弦ABがつくる∠BATは、弦ABがつくる円周角∠APBと等しいという定理です。

接弦定理が成り立つことは、29ページのように証明することができます。

円の接線と弦の作る角の定理が接弦定理です

接弦定理を証明してみる

＜円周角の定理＞

【図A】

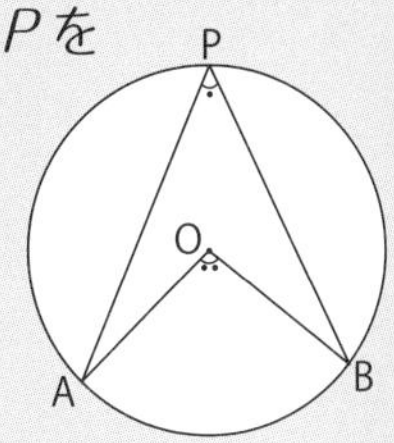

円周上の任意の2点*A*、*B*と、円周上の他の1点*P*を結んでできる円周角は一定です。

1つの弧に対する円周角の大きさは一定であり、その弧に対する中心角の半分です。このことを円周角の定理といいます。

半円に対する円周角は、90°(直角)になります。

また、円周角は中心角の2分の1となります。

＜接弦定理＞

「円の接線とその接点を通る弦の作る角は、その角の内部にある弧に対する円周角に等しい」これを接弦定理という。

接弦定理の証明

円の中心Oを通る直径ACを1辺とする三角形ACBを作る

∠ABC＝∠R　なので

∠ACB=∠R−∠BAC

また

∠BAT＝∠R－∠BAC

∠APB＝∠ACB（円周角）

ゆえに

∠BAT＝∠ACB＝∠APB

ゆえに

∠BAT＝∠APBとなる

【図B】

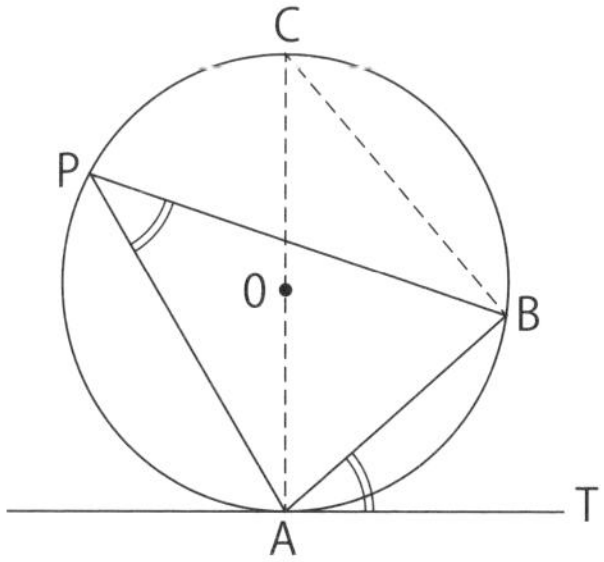

接弦定理を使うと実測できない距離もわかります

方べきの定理

◆円と接線の交点と円の中心の関係

方《ほう》べきの定理は、紀元前3世紀頃、古代エジプトの数学者、ユークリッドによって編纂された『幾何学原本』の中に載っている定理のひとつです。

方べきの定理とは、円Oの外部の点Tから円に引いた接線の接点をPとし、点Tを通り円Oと交わる2点をABとしたときには、

$TP^2 = TB \times TA$

という関係があるというものです。

方べきの定理の証明は31ページのようにして進めていきます。

証明するには、三角形の相似と円周角の定理（29ページ参照）を活用する必要があります。三角形の相似の条件、

①3組の辺の比がすべて等しいとき
②2組の辺の比とその間の角がそれぞれ等しいとき
③2組の角がそれぞれ等しいとき

という条件の1つでも満たせば2つの三角形は相似という関係になります。

方べきの定理は、接線が円に接する2つの点によって作られる2つの三角形が相似であることから導くことができます。

この証明方法を確認しますと、△APTと△BPTが相似関係であることを導きだし、そこからTA：TPの比がTP：TBと同じであることがわかります。

TA：TP＝TP：TBであることがわかれば、あとは簡単に最終目的である数式、$TP^2 = TB \times TA$という関係が成り立つことがわかるのです。

方べきの定理は今から約3千年前に発見されました

方べきの定理を証明してみる

円0の外部の点Tから円に引いた接線の接点をPとします。点Tを通り、円0と交わる2点を*A*、*B*とします。このとき次の等式が成り立ちます。

$TP^2=TB\times TA$

これを方べきの定理といいます。

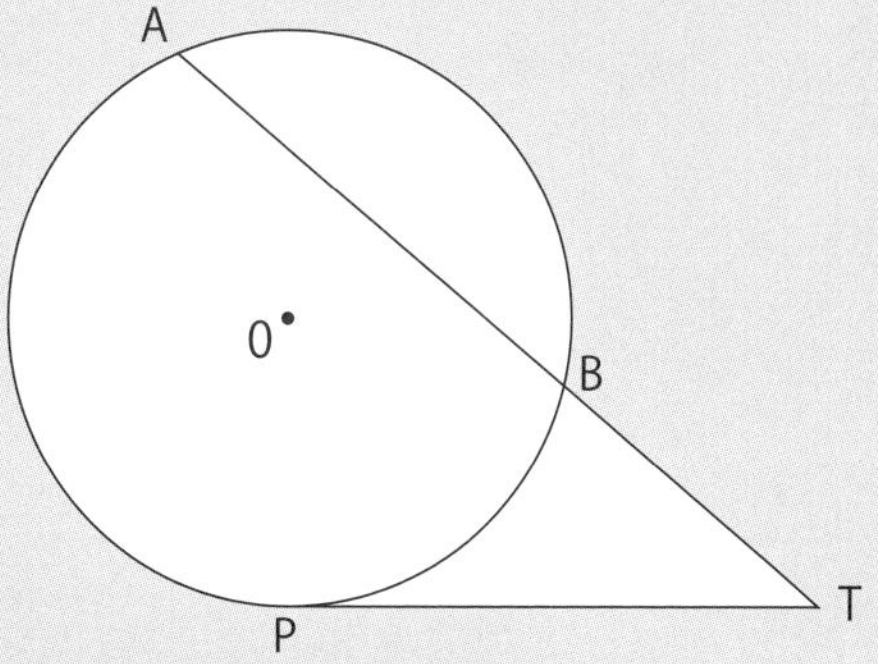

方べきの定理の証明

次のように、APとBPを結ぶと、接弦定理（29ページ）より

∠PAT＝∠BPT……①となる。

△APTと△PBTにおいて

∠ATP＝∠PTB……②となる。

2組の2角がそれぞれ等しくなり、

△APTと△PBTは

相似であることがわかる

TA：TP＝TP：TB

これから$TP^2=TA\times TB$

が成り立つ

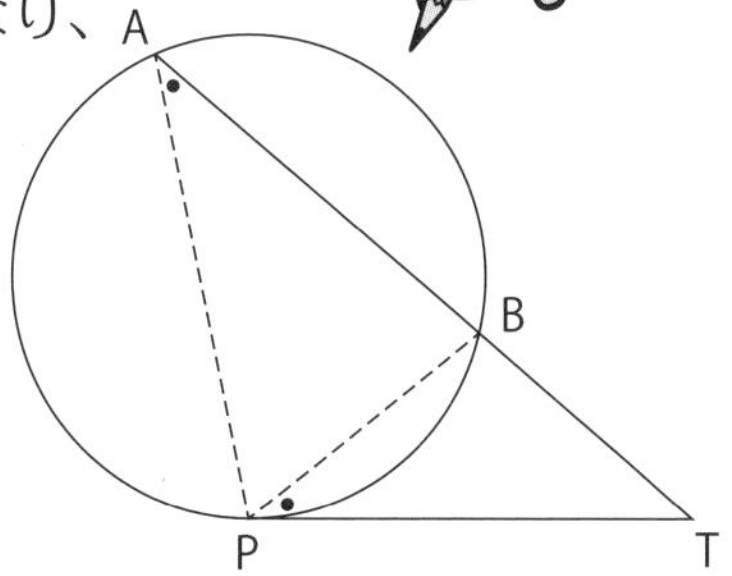

PTは接線、Pは接点

方べきの定理とは円と線分の長さに関する定理です

タレスの定理

◆半円に内接する三角形は直角三角形である

数学者としては、もっとも古い時代の人といわれているのがタレスです（紀元前625年頃から紀元前547年頃）。彼は自然哲学者としても知られており、ギリシャ七賢人の一人とされています。

タレスが特筆されるところは、それまでにも経験的に知られていた、土地の測量などで使われる図形のもつ性質について証明をすることで、幾何学の基礎を築いたところにあります。タレスが証明をしたといわれる定理には、次のものが有名です。

＊　＊　＊

・2つの三角形で、その1組の辺とその両端における2つの内角がそれぞれ等しいならば、2つの三角形は合同

・2つの三角形で、その1組の内角と、それを挟む2辺が等しければ2つの三角形は合同

＊　＊　＊

そのほかに、円周角についての定理で、「タレスの定理」とよばれるものがあります。

直径の上にある円周角は直角である、というものです。

線分ABを直径とする円Oの周上に、A、Bと異なる点Pをとります。線分PA、線分PBでできる円周角は直角となります。「タレスの定理」とは、半円に内接する三角形は直角三角形であるということを示す定理です。

タレスは天文学の分野においてもその才能を開花させ、日食のおこる時期なども計算において導き出したという記録が残っています。

タレスは幾何学の基礎を築いた人物です

タレスの定理を証明してみる

直径の上に立つ円周角は直角である

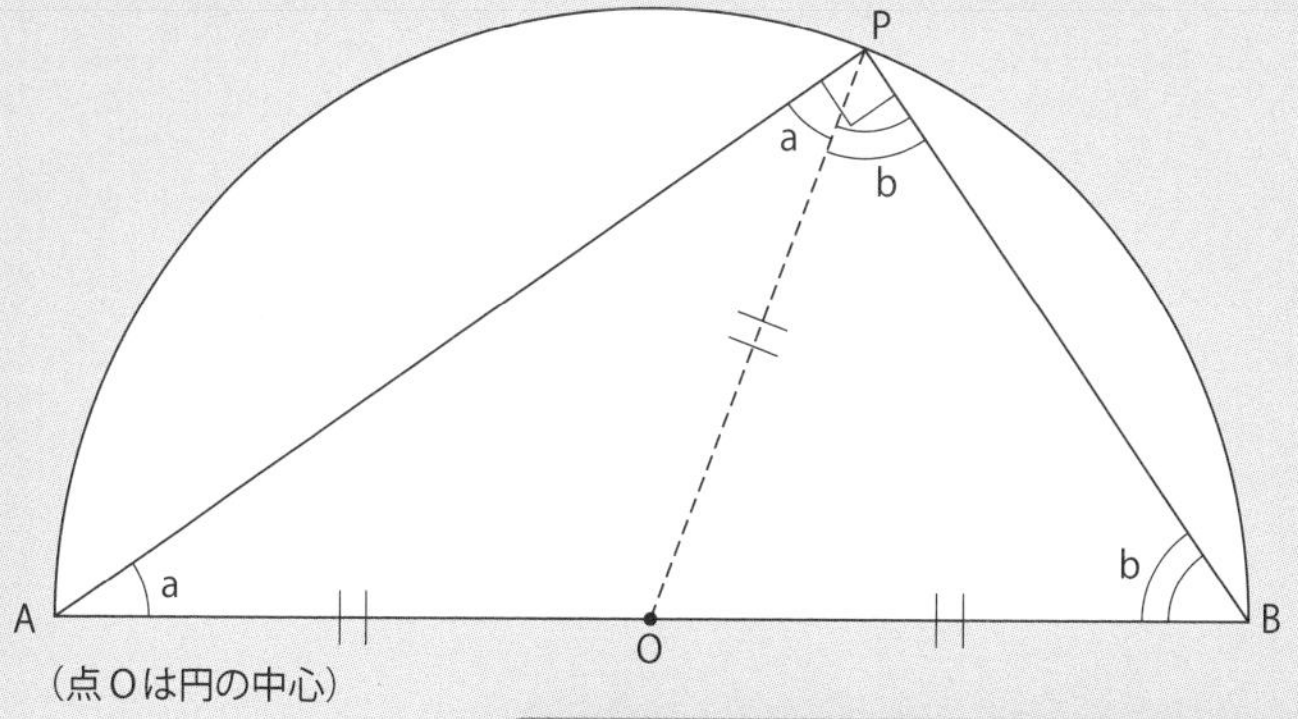

三角形PABは、PとOを結ぶことで
二つの二等辺三角形ができる
それぞれの二等辺三角形の底角を
a、bとすると
三角形PABの内角の和は
　(a + a)＋(b＋b)＝2∠R(2 直角)
となる
これによって
　　　　a＋b＝∠R
ゆえに　∠APB＝∠Rとなる

円周角の定理

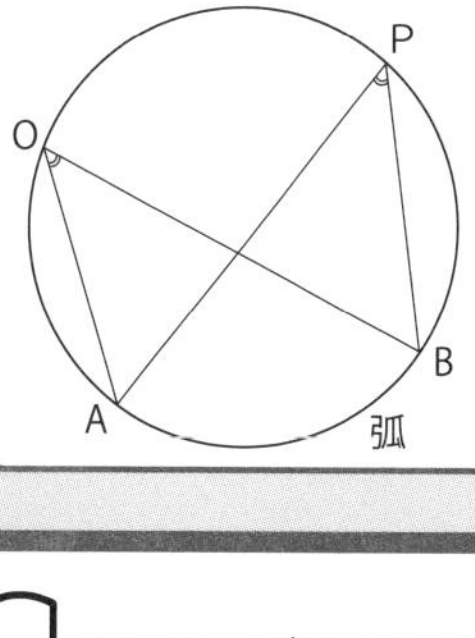

「1つの弧ABに対する円周角はすべて等しい」

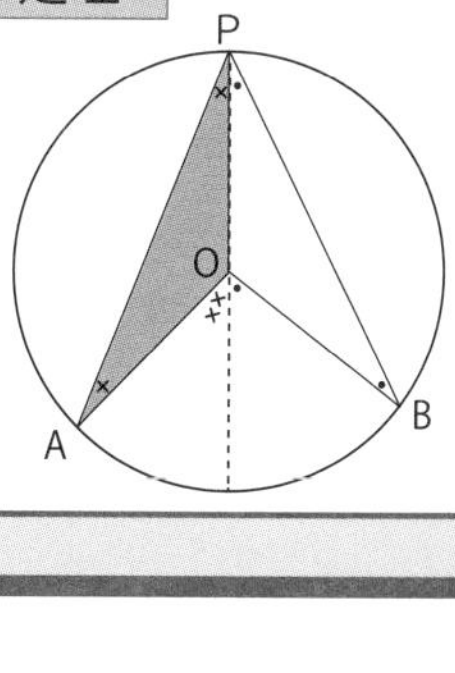

「1つの弧ABに対する円周角は、中心角の半分である」

タレスはギリシヤ七賢人の一人と称されています

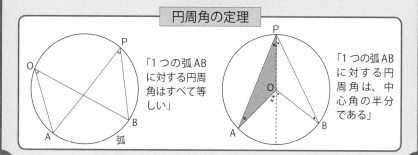

トレミーの定理

◆円に内接する四角形の辺の長さの積と対角線の積の関係

トレミーの定理は、ギリシヤの数学者であり天文学者でもあった、クラウディオス・プトレマイオス（2世紀前半）によって書かれた『アルマゲスト』の中で紹介されている定理です。

プトレマイオスが見つけた定理なのになぜ「プトレマイオスの定理」とはよばず、「トレミーの定理」とよぶようになったのでしょうか。

それはプトレマイオスとは英語ではPtolemy（トレミー）と表記することができるからだという説があります。

トレミーの定理とは、円に内接する四角形について述べている幾何学の定理のひとつです。この定理は、四角形の向かい合っている辺の長さの積が、2つの対角線の積に等しいというものです。

35ページの【図】を見てください。

トレミーの定理は次のように記述することができます。

AC×BD＝AB×CD＋AD×BC

この関係（トレミーの定理）は、35ページのように証明することができます。

ここで、A、B、C、Dは円に内接する四角形の頂点であり、ACとBDは対角線で、AD、BC、AB、CDは対応する線分です。

トレミーの定理は「図形問題の解法」「三角形の辺の長さや円の面積の計算」「建築や測量」など、様々な分野で応用されています。

ちなみに古代ギリシヤ語の「プトレマイオス」はギリシヤの王族によく付けられていました。

トレミーは天動説を唱えた学者でもあります

トレミーの定理を証明してみる

円に内接する四角形*ABCD*は

AB・*CD*＋*BC*・*AD*＝*AC*・*BD*　です。

これをトレミーの定理といいます。

トレミー（紀元2世紀頃）は、

プトレマイオスの英語風よび方です。

【図】

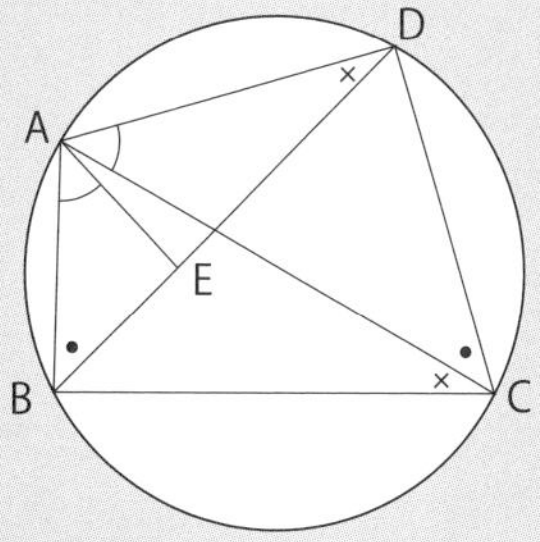

トレミーの定理の証明

・【図】のように線分BD上に、∠BAE＝∠CADであるような点Eをとる。三角形ABEと三角形ACDは相似となり、（∠BAE＝∠CAD、円周角∠ABE＝∠ACDより）

$$\frac{AB}{BE}=\frac{AC}{CD}$$ ここからAB・CD＝AC・BE……(1)

となる。また三角形ABCと三角形AEDは相似なので（∠BCA＝∠EDA、∠BAC＝∠EADより）

$$\frac{AD}{DE}=\frac{AC}{BC}$$ からAD・BC＝AC・DE……(2)

ゆえに(1)と(2)からAB・CD＋BC・AD＝AC・BDとなる（BD＝BE＋DEより）

トレミーはギリシヤの天文学者プトレマイオスのことです

メネラウスの定理

◆三角形と直線の間にある関係の証明

西暦1世紀頃に活躍した、古代ギリシャの数学者であり天文学者であったメネラウスによって発見された定理は、彼の名にちなんでメネラウスの定理とよばれています。

　メネラウスの定理とは、三角形と直線の関係について述べている幾何学の定理です。

　37ページの【図】を見てください。

　ある直線が任意の三角形ABCの辺BC、CA、ABまたはその延長とそれぞれF、E、Dで交わるときには次の等式が成立します。

$$\frac{BD}{DC}\cdot\frac{CE}{EA}\cdot\frac{AF}{FB}=1$$

この関係をメネラウスの定理といいます。

　この定理は逆も成り立ちます。

　すなわち、任意の三角形ABCに対して、直線AB、BC、CAまたはその延長上に点F、E、Dをとり、この3点のうち、三角形ABCの辺上に0個、もしくは2個あるときに、

$$\frac{BD}{DC}\cdot\frac{CE}{EA}\cdot\frac{AF}{FB}=1$$

が成り立つならば、3点F、E、Dは一直線上にあります。

　メネラウスの定理の証明方法は複数存在しますが、そのひとつとして紹介したのが、37ページの証明方法です。

　メネラウスの定理は、三角形の辺の長さや面積、直線と三角形の関係などを解くために用いたり、幾何学の証明などにも応用されています。

　この定理を使えば、次項で紹介する、チェバの定理が証明ができます。

メネラウス定理は幾何学の定理のひとつです

メネラウスの定理を証明してみる

ある直線が三角形ABCの辺BC、CA、ABまたはその延長とそれぞれ点D、E、Fで交わるとき、

$$\frac{BD}{DC}\cdot\frac{CE}{EA}\cdot\frac{AF}{FB}=1$$ となる。

【図】

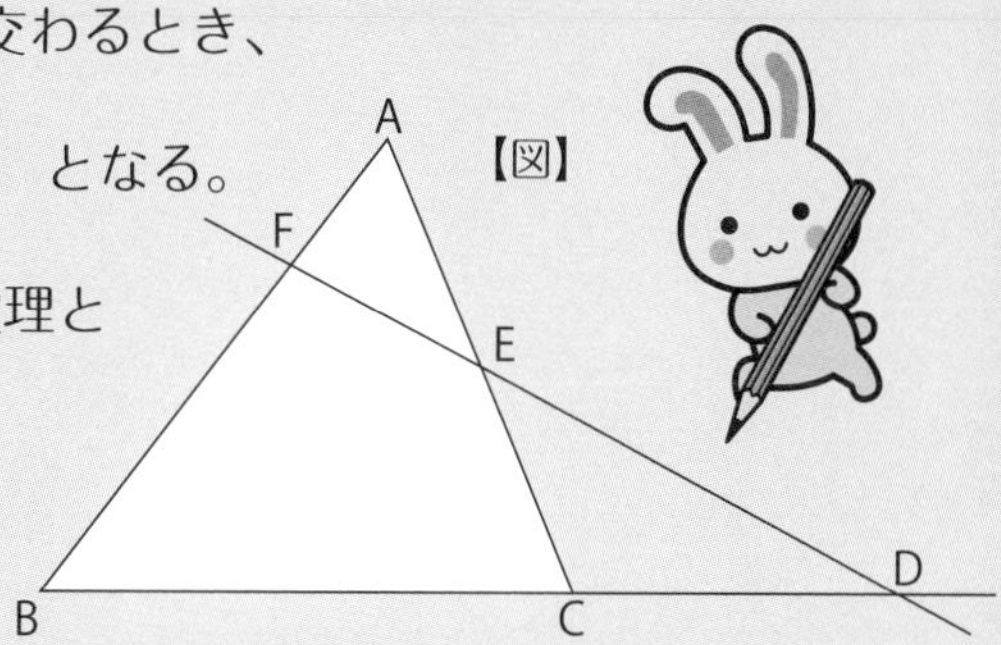

これをメネラウスの定理といいます。

メネラウスの定理もチェバの定理（38ページ参照）と同様にその逆が成り立ちます。

メネラウス（西暦1世紀頃）はギリシヤの天文学者です。

メネラウスの定理の証明

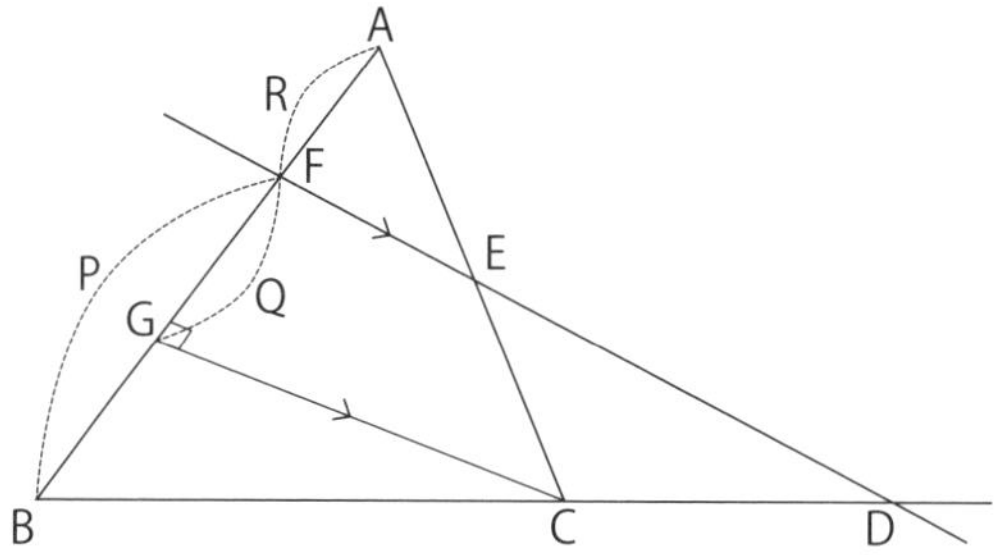

点Cを通り、辺DEに平行な直線をひき、

ABとの交点をGとする。BF＝P、GF＝Q、FA＝Rとする。

$$\frac{BD}{DC}=\frac{P}{Q}、\frac{CE}{EA}=\frac{Q}{R}、\frac{AF}{FB}=\frac{R}{P}$$

$$\frac{BD}{DC}\cdot\frac{CE}{EA}\cdot\frac{AF}{FB}=\frac{P}{Q}\cdot\frac{Q}{R}\cdot\frac{R}{P}=1$$

メネラウス定理の証明方法は複数存在しています

チェバの定理

日常生活に役立つ幾何学の定理

39ページの【図】を見てください。

三角形ABCの辺BC、CA、AB上にそれぞれD、E、Fがあるとき、3直線AD、BE、CFが1点Pで交わるときには次の等式が成り立ちます。これをチェバの定理とよびます。

$$\frac{BD}{DC}\cdot\frac{CE}{EA}\cdot\frac{AF}{FB}=1$$

チェバの証明は様々な方法がありますが、そのひとつとして紹介したのが39ページの証明方法です。

チェバの定理は、1678年にイタリアの数学者ジョバンニ・チェバによって発見されました。ジョバンニ・チェバは、1647年にイタリアのミラノで生まれ、1664年にピサ大学を卒業し数学の教授となります。ジョバンニ・チェバは、幾何学、代数、微積分学など、様々な分野で業績を残しています。

ここでチェバの定理を使った簡単な問題を紹介しましょう。

【図】でAFが6㎝、FBが4㎝、AEが5㎝、ECが5㎝だとします。このときBD：DCはいくつになるでしょうか。チェバの定理を使うと、$\frac{4}{6}\times\frac{5}{5}\times\frac{DC}{BD}=1$となるので、$\frac{2}{3}\times\frac{DC}{BD}=1$　$\frac{DC}{BD}=1\div\frac{2}{3}=1\times\frac{3}{2}$となり、BD：DCは2：3となります。このように三角形の比の関係もチェバの定理を使うと簡単に求めることができるのです。

チェバの定理は前出のメネラウスの定理と並んで、三角形の幾何学における重要な定理のひとつです。

チェバの定理は1678年刊の彼の著書の中で初めて発表

チェバの定理を証明してみる

△ABCの辺BC、CA、AB上にそれぞれD、E、Fがあり、3直線AD、BE、CFが1点Pで交わるとき $\dfrac{BD}{DC}\cdot\dfrac{CE}{EA}\cdot\dfrac{AF}{FB}=1$ となる。これをチェバの定理といいます。

<チェバの定理で重心を考える>

【図】

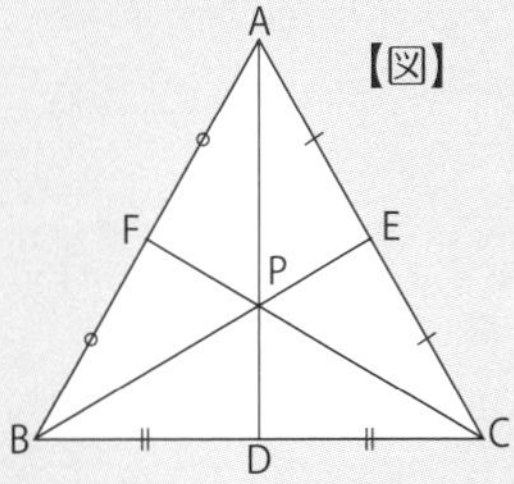

$BD=DC$、$EA=CE$、$AF=FB$

$$\frac{BD}{DC}=\frac{CE}{EA}=\frac{AF}{FB}=1$$

ゆえに

$$\frac{BD}{DC}\cdot\frac{CE}{EA}\cdot\frac{AF}{FB}=1となる。$$

この交わる点Pを重心といい、特殊な条件で成り立つチェバの定理の1つです。

チェバの定理の証明

3直線AD、BE、CFの交点をPとする。

B、Cから直線ADに垂線BG、CHを下ろす。

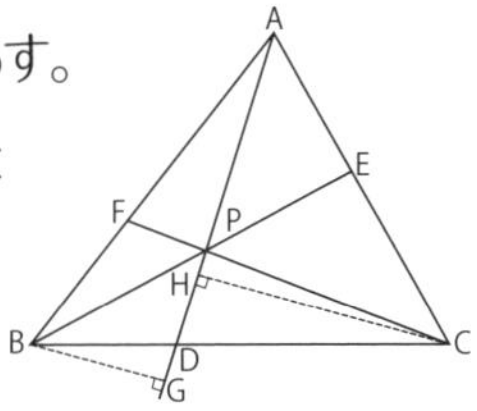

△ABPと△ACPにおいて、APを底辺とすると、$\dfrac{\triangle ABP}{\triangle ACP}=\dfrac{BG}{CH}$、

一方BG//CHより $\dfrac{BG}{CH}=\dfrac{BD}{CD}$

(△GBD∽△HCD)なので、$\dfrac{\triangle ABP}{\triangle ACP}=\dfrac{BD}{CD}$

同様に $\dfrac{\triangle BCP}{\triangle ABP}=\dfrac{CE}{EA}$、$\dfrac{\triangle CAP}{\triangle BCP}=\dfrac{AF}{FB}$ が成り立つ。

$$\frac{BD}{DC}\cdot\frac{CE}{EA}\cdot\frac{AF}{FB}=\underbrace{\frac{\triangle ABP}{\triangle CAP}\cdot\frac{\triangle BCP}{\triangle ABP}\cdot\frac{\triangle CAP}{\triangle BCP}}_{約分できる}=1$$

チェバの定理は三角形の幾何学において重要な定理です

中点連結定理

◆三角形の中点連結線と日常生活への応用

中点連結定理とは、三角形の2辺の中点を結んだ線分について成り立つ定理です。

41ページの【図】を見てください。**三角形ABCで、辺ABの中点をM、辺ACの中点をNとします。このとき、三角形ABCのMとNを結ぶとMNは、底辺BCと平行であり、かつ長さは半分となります。これを中点連結定理といいます。**

中点連結定理は、三角形の性質を証明したり、図形問題を証明したりするためによく使用されます。

たとえば、三角形の面積を求めたり、三角形の辺の長さを求めたりするときに使われます。【図】の三角形の場合、辺BCの長さが12㎝であることがわかっていたとき、MNの長さはすぐに6㎝ということがわかります。

またこの図からは、三角形ABCと三角形AMNは相似の関係にもなっていて、MNとBCが平行であることから、∠AMN=∠ABCや∠ANM=∠ACBであることもわかります。

中点連結定理は、41ページのように、三角形の合同の性質を使うことで証明することができます。

中点連結定理は非常にシンプルな定理です。日常生活でも様々な場面で、この定理は応用されています。

ここでは詳しい説明は割愛しますが、ソファーやテーブル、絵画などをバランスよく配置することができます。中点連結定理を活用すれば、家具や絵画を上手に配置することができ、視覚的に調和のとれたリビングとなり、心が何となく安定します。

三角形の性質の証明に中点連結定理は活用されてます

中点連結定理を証明してみる

三角形*ABC*の2辺、*AB*、*AC*のそれぞれの中点を結ぶ線は、他の1辺*BC*に平行です。さらに長さは、2分の1であるというものを中点連結定理といいます。

MはABの中点。NはACの中点です。

【図】

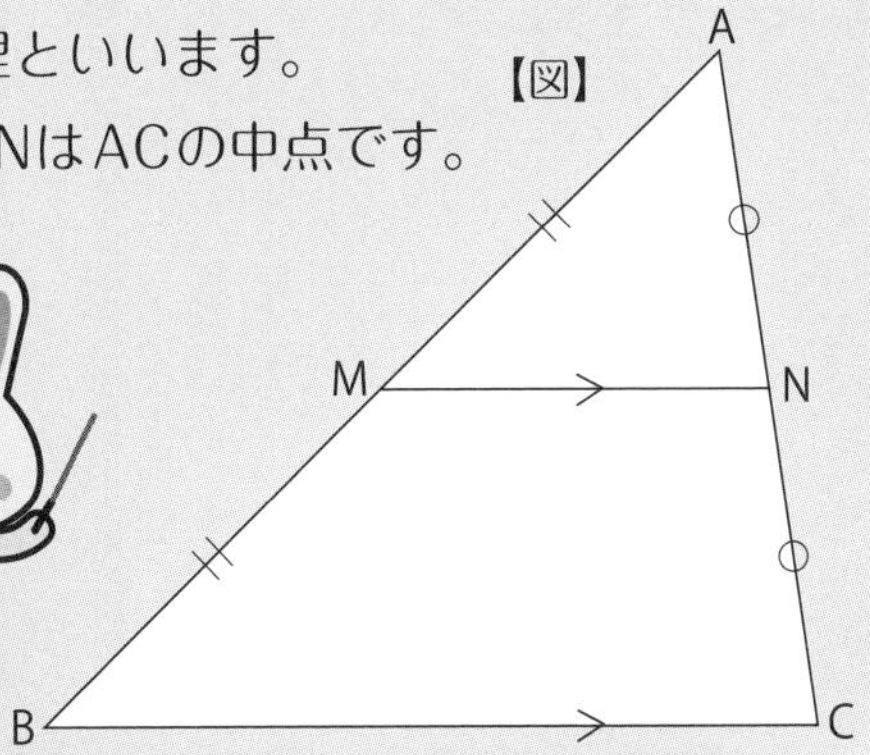

中点連結定理の証明

△ABCの辺AB、ACの中点をそれぞれM、Nとします。

- MNを延長し、MN＝NDとなる点Dをとる

  △AMN≡△CND（2辺夾角）から

  AM＝CDかつAM∥CD

  MB＝CDかつMB∥CD

四角形MBCDにおいて、1組の対辺が平行でかつその長さが等しいという平行四辺形の条件で、四角形MBCDは平行四角形となります。

またMN＝NDよって

$\frac{1}{2}$BC＝MN、

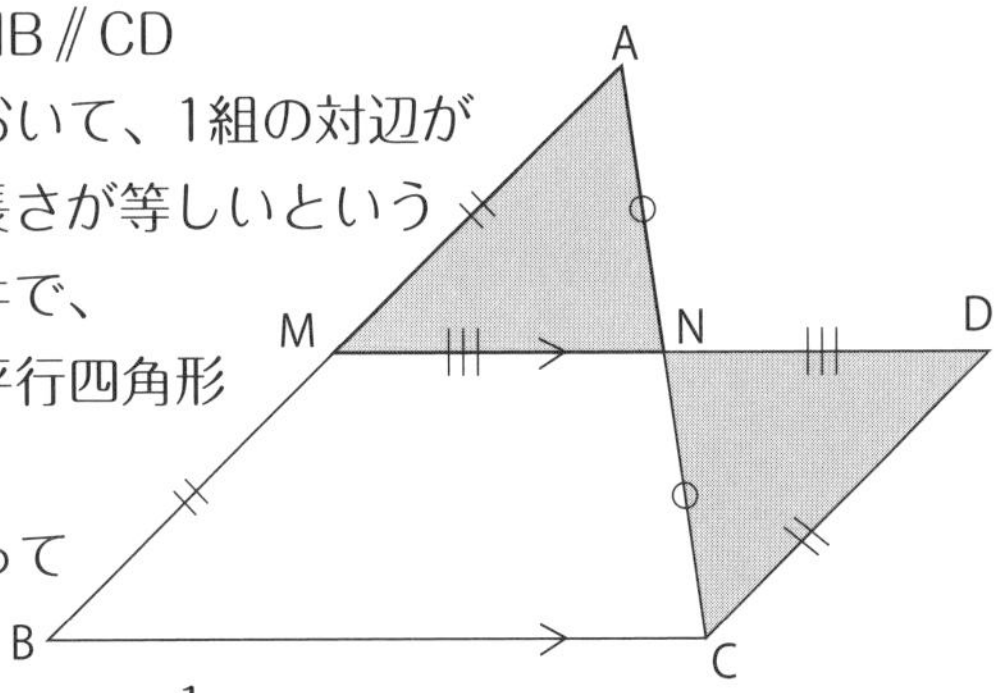

ゆえにBC∥MN　MN＝$\frac{1}{2}$BCが成り立ちます。

中点連結定理は平面幾何の定理のひとつです

シムソンの定理

◆多くの分野で使われている定理

シムソンの定理とは18世紀に活躍したスコットランドの数学者、ロバート・シムソン（1687年～1768年）によって発見された、三角形と外接円との間にある関係を示した定理のことです。

ではシムソンの定理とはどのような定理なのか紹介しましょう。

どんな三角形でも、三角形の3つの頂点を通過する円、外接円が存在します。

43ページの【図】を見てください。

三角形ABCと外接円に任意の点Pをとります。任意の点Pから三角形ABCの辺AB、BC、CAに垂線を引き、それぞれの交点をF、E、Dとします。

このときに点F、E、Dは、いずれも辺AB、BC、CA上にあります。これをシムソンの定理といいます。

点F、E、Dは一直線になるため、この線のことを「シムソン線」とよびます。

シムソンの定理は逆も成り立ちます。

【図】のように三角形ABCの辺AB、BC、CAに任意の点Pから垂線を引きます。それぞれの交点をF、E、Dとします。Fは辺AB上の延長線上にあるとします。このときに点F、E、Dが同一直線上にあるならば、点Pは三角形ABCの外接円上に存在するというものです。

シムソンの定理は日常生活において、直接的に応用されている場面にはほとんど遭遇しませんが、高等数学において、円や三角形に関する図形問題を解く場合などにおいては、よく使われる定理のひとつです。

シムソンはイギリス・グラスゴー大学の教授です

シムソンの定理の性質を理解しておこう

シムソン線とは

三角形ABCとその三角形に外接する円周に、任意の一点Pがあります。点PからAC、BC、ABへ垂線をおろして、交わった点をD、E、Fとすると、3点D、E、Fは一直線上にあります。この直線のことを、シムソン線とよびます。

シムソンの定理

シムソンの定理を図で書くと次のようになります。

【図】

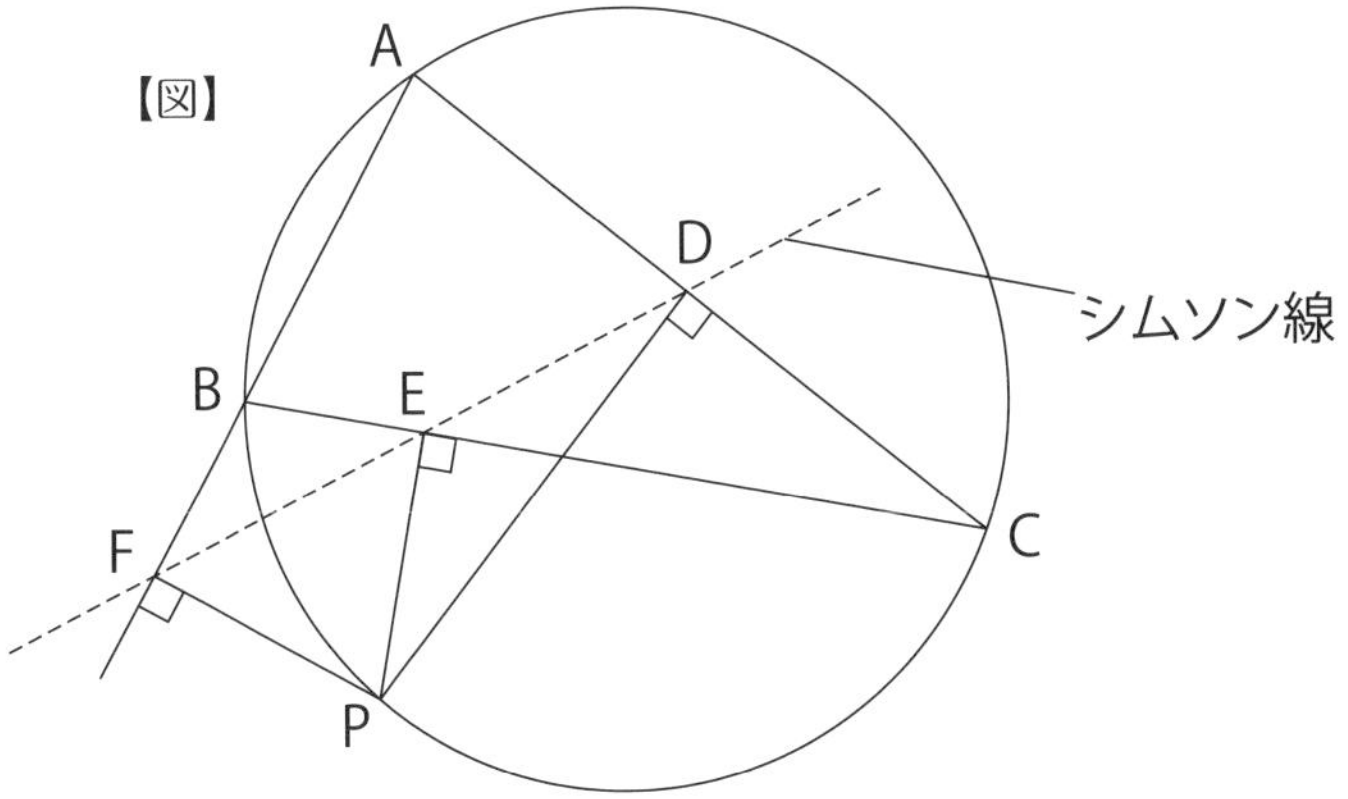

このように文章で書いてあることを理解し、その図を正確に書くことは、論理的思考能力を高める練習となります。
ぜひチャレンジしてみてください。

シムソンはユークリッドの『原論』を英訳しました

日常生活に影響を与えた数学者②

アルキメデス

(紀元前287年〜紀元前212年)

古代ギリシャに活躍した数学史上もっとも偉大な数学者の一人！

アルキメデスは古代ギリシャの数学者のみならず、物理学者、工学者でもありました。父親は天文学者で、アルキメデスが青年になるまで息子の教育をしたといわれています

あるとき王さまがアルキメデスに、「この王冠に金以外のものが混ざっていないかどうかを、王冠をこわさずに調べられる方法はないものか」と尋ねられました。

アルキメデスは即答することはできませんでしたが、それからしばらく考え続けていました。歩いているときも食事中も考え続け、ある日、入浴中にも考えていると、浴槽のなかの自分の体が浮き上がることから答えを見つけたのです。

「エウレカ、エウレカ（見つけた、見つけた）！」と、裸のまま外へ飛び出した話は有

アルキメデスが残した名言

- 人は常に過去から学んできた
- 我々は我々が知らぬということすら知らぬ
- 生きる、それは自分の運命を発見することである
- 無からは、何物も生まれない

ローマ軍の司令官はアルキメデスの才能を認めていました

名です。**浮力というアルキメデスの原理、すなわち「物体は水の中では、その物体の同じ体積の水の重さだけ軽くなる」という定理の発見でした。**この発見により、アルキメデスは王冠に金以外のものが混ざっているかどうかをつきとめることができました。

円周率の計算も「取りつくし法」（124ページ参照）という独特の手法で研究を進めるなど、円の面積、体積、球の表面積の求め方などもアルキメデスの発見です。

紀元前212年に、ローマ軍が侵攻してきた際に、アルキメデスは数学の問題を解くため、地面に図形を描いて考え込んでいたのですが、その図形をローマ軍の兵士が踏みつけたことに腹を立てた彼は、兵士によって殺されてしまいます。**アルキメデスは「てこの原理」も発見していますが、そのときに言った、「我に地球以外の支点を与えよ、しからば地球を動かしてみせよう」という有名な言葉も残しています。**

アルキメデスの浮力の原理

▲アルキメデスは風呂に入っているときに浮力の原理を発見した

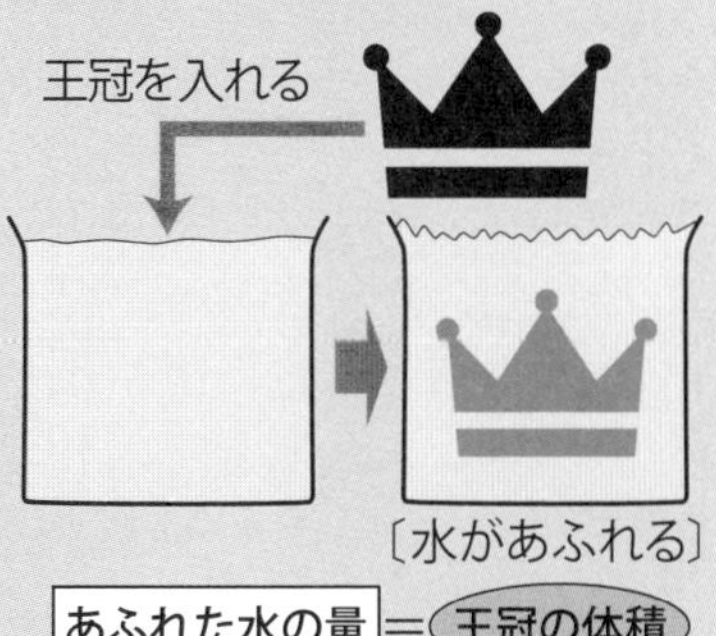
王冠を入れる
〔水があふれる〕
あふれた水の量＝王冠の体積

王冠が純金なら、王冠と同じ重さの金と同じ量の水があふれるが、不純物が入っている場合はあふれる水の量が異なることによりアルキメデスは王冠は純金かどうかを調べました

アルキメデスはエジプト・アレクサンドリアで留学して数学を学びました

ピタゴラスの定理を拡張した定理

ピタゴラスが発見した直角三角形の性質を説いた「ピタゴラスの定理（三平方の定理）」は有名な数学の定理のひとつであり、ピタゴラスの定理を拡張した定理が数多く存在します。

その中でも代表的な定理のひとつがこの章でも紹介した「ヒポクラテスの定理」（22ページ参照）です。

47ページの図にもあるように、直角三角形ABCの各辺を直径とする半円を描いたとき、半円が3つできます。このときにできた2つの月形の面積の和と直角三角形の面積が等しいというものです。

これを証明するのに「ピタゴラスの定理」が使われています。この「ヒポクラテスの定理」の図形は、誰もが一度は中学の数学の図形問題で目にしているひとつかと思います。他にも24ページで紹介しました「正弦定理」、26ページで紹介した「余弦定理」などの証明も「ピタゴラスの定理」が使われています。

円に内接する四角形ABCDにはAB・CD＋AD・BC＝AC・BDの関

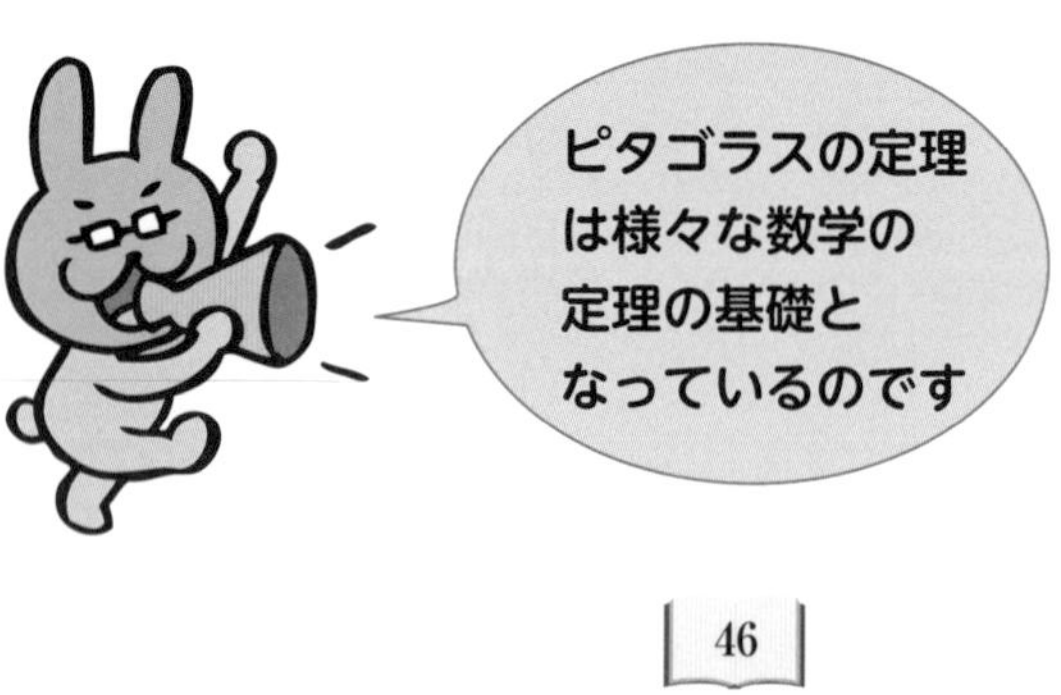
ピタゴラスの定理は様々な数学の定理の基礎となっているのです

係が成り立つという「トレミーの定理」（34ページ参照）を証明するときにも、「ピタゴラスの定理」は使われています。

その他にも、**パップスが示した「中線定理」があります。**

三角形ABCについて、辺BCの中点をMとすると、

$AB^2+AC^2=2(AM^2+BM^2)$

となります。

なお、三角形の頂点とその対辺の中点を結ぶ線分は、三角形の面積を2等分しています。面積が等しいことを等積であるといいます。

中線定理を証明するひとつの方法として、三角形の頂点Aから垂線を引き、ピタゴラスの定理を使うことができます。三角形に関した定理は、ピタゴラスの定理を使って証明できることがよくあります。

ピタゴラスの定理を拡張した主な定理

中線定理

$AB^2+Ac^2=2(AM^2+BM^2)$

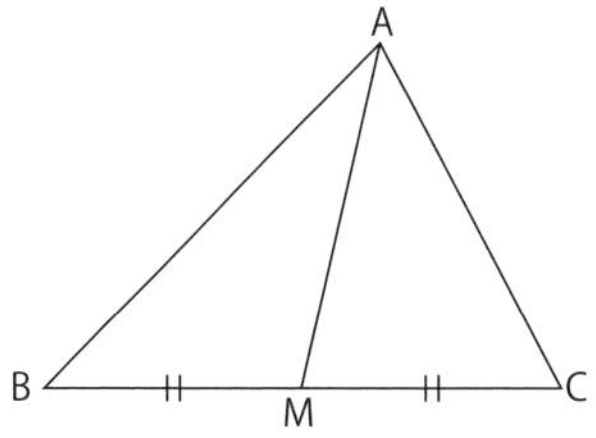

トレミーの定理

AB・CD＋AD・BC＝AC・BD

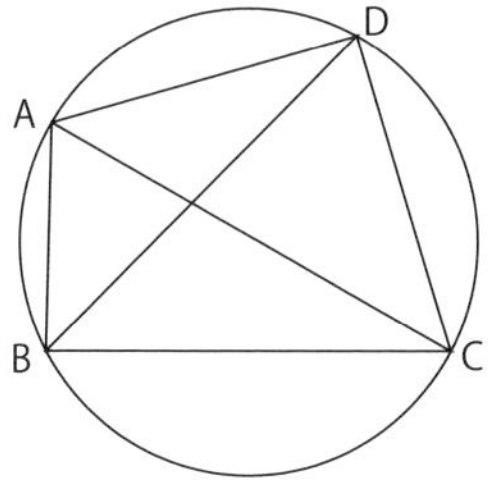

ヒポクラテスの定理

月形AC＋月形BC＝三角形ABC

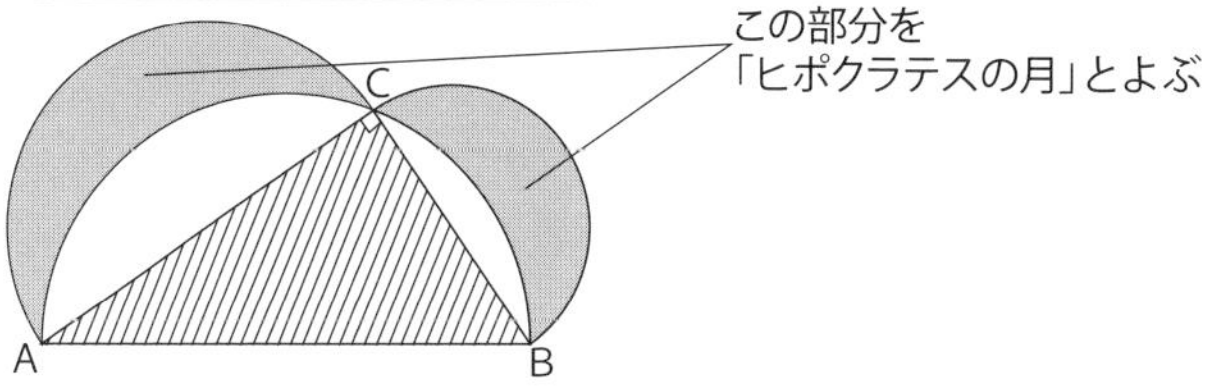

Column 2

50人のクラスには同じ誕生日の人がいます

50人の中で同じ誕生日の人がいるということは、逆に考えれば50人がすべて違う誕生日の場合はどれくらいの確率なのかを計算し、それを1からひけば同じ誕生日の人がいる確率になります。

50人のなかでAさんと異なる誕生日を調べてみましょう（うるう年は無視することにします）。

Bさんの誕生日と異なる確率は$\frac{364}{365}$で求めることができます。3人目のCさんとも異なる確率は$\frac{364}{365}\times\frac{363}{365}$で求めることができます。

50人がすべて異なる確率は$\frac{364}{365}\times\frac{363}{365}\times\cdots\cdots\ \frac{315}{365}$となり計算すると約0.03となり、すなわち約3%です。となれば同じ誕生日の人が存在する確率は1－0.03＝0.97となり、同じ誕生日の人がいる確率は約 97%となります。

第2章

知っておきたい数学の定理

4色定理①

◆スマホが混線しないために必要な定理

国境線のあるヨーロッパでは、国境線が変更になることは、よくあることでした。そのたびに地図をつくり変えることは重要な仕事で、有名な数学者たちの書物のなかにも、よく出てきます。**地図を色分けする際に、境界にある二つの国を違った色に塗り分ける作業は、地図の印刷工らが4色あれば、どのような地図も塗り分けられることを、経験から知っていたといいます。**この4色問題は1852年にイギリスの数学者ガスリーが、4色について言及したのが初めてでした。この問題は数多くの数学者と数学愛好家たちによって取り組まれます。

当初は証明することがやさしいと思われていた4色問題ですが、結果的に証明に成功したのはアペルとハーケンの二人であり、それは1976年のことでした。

地図の塗り分け以外に、あまり実用性がないと思われがちな4色定理ですが、実は現在では携帯電話のエリア配置などに、応用されているのです。携帯電話システムは、周波数によって電波同士が混信してしまうため、隣接するエリアでは同じ周波数の基地を設けないように、エリアで色分けしています。

4色定理は、このように具体的な利用方法へと発展してきたのですが、その背景には、4色問題とは実はグラフ理論の問題だったということがあるのです。

4色定理の研究を通して、グラフ（一筆書きのように、点と線を結んで得られる図形）理論の概念が発展的に進歩し、現実に反映されるまでになったのです。

地図の色分けに活用されている4色定理

電波が混線しないために必要な定理

地図の塗り分けは 4色が必要充分であるということの証明

1852年　ガスリーにより4色問題が提起される

1878年　ケーリーが4色問題を再度提出する

1879年　ロンドンの弁護士ケンペにより証明がなされるが
ヒーウッドにより誤りが指摘される
（ヒーウッドは5色までを証明）

1976年　ハーケン、アペルにより
コンピュータを使って4色問題は証明される
（約4年間、1000時間以上の時間がかかった）

4色定理の実用性

周波数の同じ携帯電話の基地は隣接しないようにする

100年以上かかった4色定理の解決

4色定理②

◆多面体から4色問題を考える

グラフの数学的性質を研究する分野の出発点となったのが「ケーニヒスベルグの橋」です。約260年前に、ドイツのケーニヒスベルグに流れる川に、7つの橋がかかっていたのですが、この橋をすべて1回だけ渡って、もとの場所に帰ることができるかどうかというものでした。この問題を解いたのは、ドイツの数学者オイラーです。オイラーは、「橋を辺と考えたグラフが一筆描き可能か」と定式化し、結果不可能であることを証明したのです。家系図や組織図としてもあらわされるこうしたグラフは、視覚に訴えて理解を深める効果をあげています。

また4色問題を、正多面体から考える方法があります。

①正四面体（4面）…4色必要。面がすべて辺に接しているので、最低でも4色が必要。

②正六面体（6面）…3色必要。相対する面を同じ色にすると、3色で塗り分け可能。

③正八面体（8面）…4色必要。隣合う面を交互に2色で可能ですが、頂点で接する2面も別の色とすると、相対する面のみを同一として4色。

④正十二面体…4色必要。ただし、4色を公平に3回ずつ用いて、相対する面には同じ色を用いないことが大切なポイントです。塗り分けるだけでしたら3色でも塗り分け可能。

⑤正二十面体…3色必要。ただ塗り分けをするだけの場合は3色でできます。

3色のうち、1色で6面を塗り、2色はそれぞれ7面ずつ。

一筆描きができる図形がどうかは数学でわかります

ケーニヒスベルグの橋と多面体

ケーニヒスベルグの橋

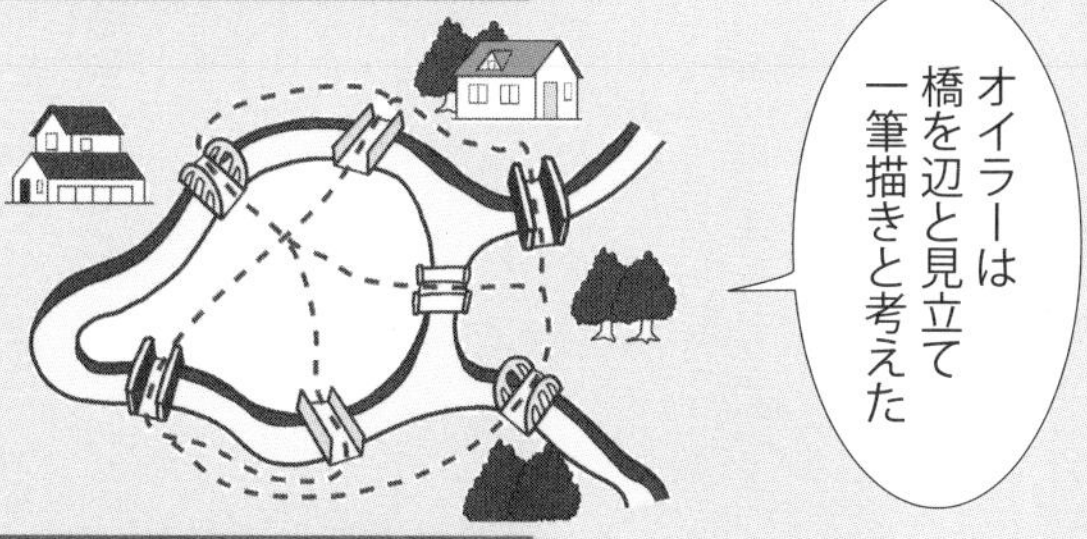
オイラーは
橋を辺と見立て
一筆描きと考えた

一筆描きできる必要充分条件

- すべての頂点について集まる辺の本数が偶数
- 集まる辺の本数が奇数であるような頂点が2つ存在し、ほかの頂点について集まる辺の本数が偶数である（ブリタニカより）

正多面体から考える

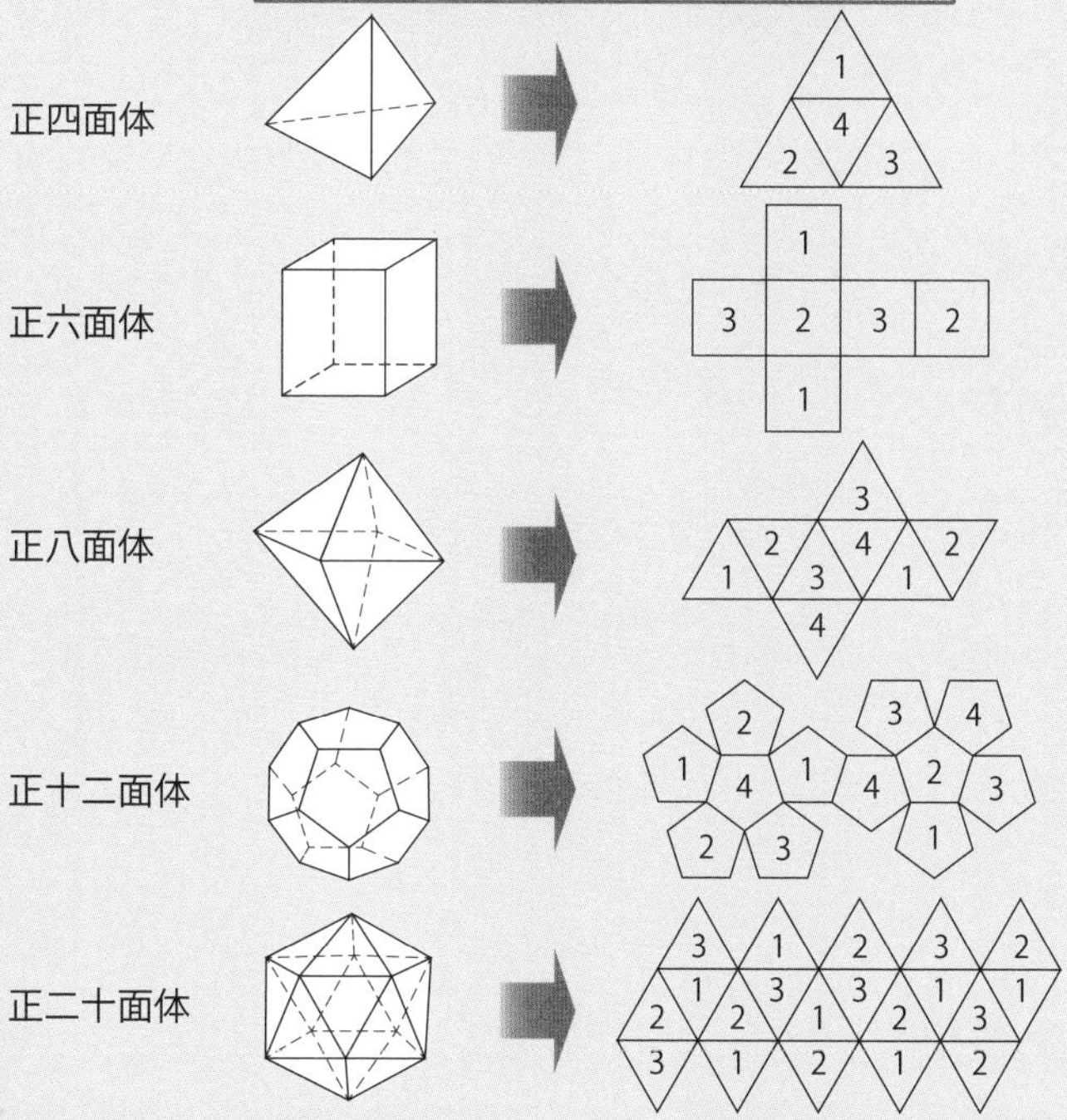
正四面体
正六面体
正八面体
正十二面体
正二十面体

正二十面体の場合、頂点が同じ面をすべて違う色で塗り分けるとしたら、5色必要となる（特殊な場合）

知らないところで生活に密着している4色問題

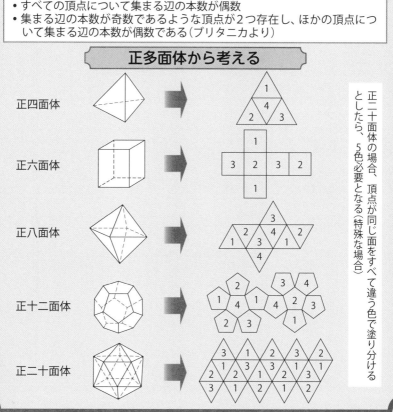

剰余定理と因数定理

◆数の割り算の性質と素因数に分解する方法

「整式 $f(x)$ を $(x-a)$ で割ったとき、その余りは $f(a)$ となる」を剰余定理といいます。

例をあげると、

$f(x)=x^3+x^2-4x+1$ を、$(x-2)$ で割るならば、その余りは、

$f(2)=2^3+2^2-4\times 2+1=5$ となる

というものです。

左ページの計算を見てください。

さらに、x の整式 $f(x)$ において、$f(a)=0$ の場合について、$f(x)$ は $(x-a)$ で割り切れる性質をもつ。これを因数定理といいます。

この定理は使いやすく、拡張すると、

「多項式 $f(x)$ が $(ax-b)$ で割り切れるためには、$f\left(\frac{b}{a}\right)=0$ のときである」

となります。

ある数式において、剰余定理を使い、余りが0になるような×の値を見つけることができれば、その数式は因数分解をすることが可能であることがわかります。

因数定理は、多項式の因数分解に利用されています。

実際に割り算をしなくても余りに注目することにより、割り切れるかどうかなどがわかります。

因数定理は、多項式を因数分解する際や方程式（三次以上）の解法に応用されています。

因数定理は多項式の因数分解をし、方程式を解くときの重要な定理です。

余りを求めるときにとても便利な剰余定理

剰余定理と因数定理との関連性

剰余定理

「整式 f(x)をx－aで割った余りはf(a)である」

$f(x)=x^3+x^2-4x+1$ を、$(x-2)$ で割る

$$
\begin{array}{r}
x^2+3x+2 \\
x-2\ \big)\ \overline{x^3+x^2-4x+1} \\
x^3-2x^2 \\
\hline
3x^2-4x+1 \\
3x^2-6x \\
\hline
2x+1 \\
2x-4 \\
\hline
5
\end{array}
$$

余りが 5 となっているので正しい

因数定理

$f(a)=0$ のとき $f(x)$ は $(x-a)$ で割り切れる

$x^2+3x-10$ を $(x-2)$ で割る

$$
\begin{array}{r}
x+5 \\
x-2\ \big)\ \overline{x^2+3x-10} \\
x^2-2x \\
\hline
5x-10 \\
5x-10 \\
\hline
0
\end{array}
$$

割り切れるので正しい

因数定理ひとくちメモ

因数定理とは、実際に割り算をしなくても余りに注目することにより、割り切れるかどうかを知ることが可能になる定理のことをいいます。因数定理を利用すると、三次式の因数分解などが簡単にできるようになります。

和や差の式を積の式に変形するのが因数分解

ディリクレの素数定理

◆不思議な意味をもつ素数の基本定理

素数とは、1よりも大きな自然数のうち、1とその数自身のほかには、約数をもたない数字のことをいいます。 ふつう1は素数には入れません。例をあげると、2、3、5、7、11、13、17、19……などです。

素数が自然数のなかにおいて、どのような法則をもって存在しているのかについては、これまでにも多くの数学者たちが取り組んできましたが、結論を得るに至ってはいません。

素数が無限に存在することの証明については、紀元前300年頃に、ユークリッドが彼の著書『原論』のなかで、すでに示しています。この定理をさらに精密化させたものが、ドイツの数学者、ディリクレの素数定理です（ディリクレの算術級数定理ともいいます）。

a, n, pが互いに素な自然数とするときに、

$$a,\ a+n,\ a+2n,\ a+3n \cdots\cdots a+pn$$

という等差数列には、素数が無限個存在する、というものです。たとえば、3という最初の数から始めて、4ずつ増える等差数列を考えたとき、この数列は、3・7・11・15……となり、3、7、11というような素数が無限に存在しています。

これを証明したのがディリクレの素数定理なのです。

この定理は、素数が均等に分布しているということを意味しています。ある数列の中には、必ず素数があらわれるということです。

ディリクレは、この定理の証明に、オイラーの無限個の素数の存在証明に寄るところが大きかったといわれています。

ディリクレの素数定理＝ディリクレの算術級数定理

素数定理とユークリッド『原論』

素数とは

2, 3, 5, 7, 11, 13, 17, 19………
のように1とその数自身のほかには
約数をもたない自然数をいう
（偶数の素数は2だけ）

素数以外の自然数は、すべて素数の積であらわすことができる
素数の積に分解することを素因数分解という

6＝2×3
10＝2×5
} 合成数という
（素数でない正の整数）

「素数は無限に存在する」
（ユークリッド『原論』）

↓ 精密化させた

ディリクレの素数定理
＝
算術級数定理

素数ひとくちメモ

100以下の素数は25個存在し、小さい順に並べていくと次の通りになる。2, 3, 5, 7, 11, 13, 17, 19, 23, 29, 31, 37, 41, 43, 47, 53, 59, 61, 67, 71, 73, 79, 83, 89, 97。
さらに、1000以下の素数は 100 以下のものを含め168個存在している。101, 103, 107, 109, 113, 127, 131, 137, 139,…などが該当する。

整数論の有名な定理のひとつがディリクレの素数定理

三角形の五心

◆三角形の特別な点と幾何学的な性質

三角形には内心、外心、重心、垂心、傍心の、5つの中心があります。

①**内心定理**……三角形の3つの角の2等分線は1点で交わる。

②**外心定理**……三角形の3辺の垂直2等分線は1点で交わる。

③**重心定理**……三角形の3つの中線（頂点と三辺の中点を結ぶ線分）は1点で交わる。

④**垂心定理**……三角形の各頂点から対辺におろした垂線は1点で交わる。

⑤**傍心定理**……三角形の1つの頂角の2等分線と、他の2つの角の外角の2等分線は、1点で交わり傍心は3つある。

また、外心、重心、垂心は1直線上（オイラー線）に存在します。

これらの三つの定理（外心定理・重心定理・垂心定理）は、前述した「チェバの定理」（38ページ）を使うことにより、証明することができます。

このように三角形には「内心」「外心」「垂心」「重心」「傍心」という5つの重要な点が存在します。

そのひとつひとつにはそれぞれ異なった性質が存在します。

三角形の5つの心は古くから発見されており、ギリシヤのユークリッドがまとめた『原論』に記述があります（16ページ参照）。

ユークリッドの『原論』は数学の地位を確立した、ギリシヤ数学の集大成です。

三角形には5つの中心点が存在します

三角形の中心点に関する5つ定理

三角形の五心の定理

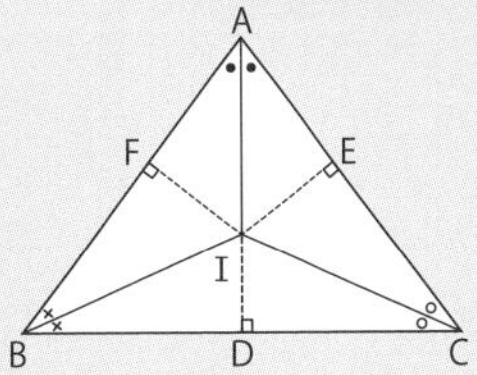

【図 1】

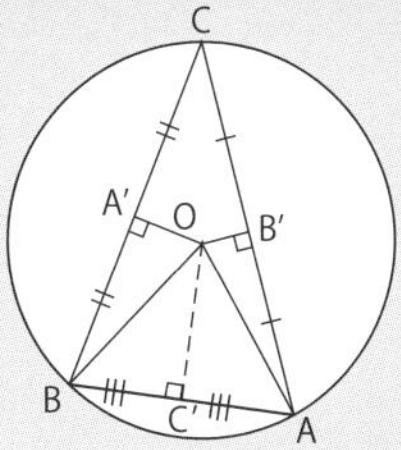

【図 2】

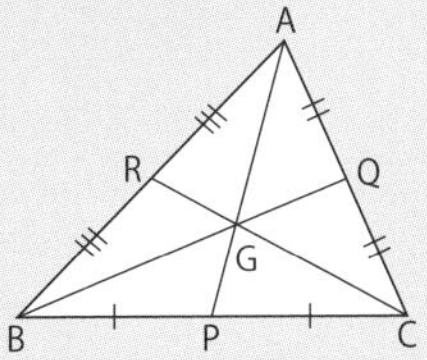

【図 3】

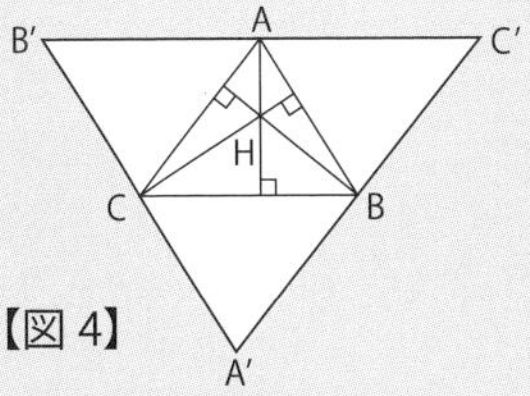

【図 4】

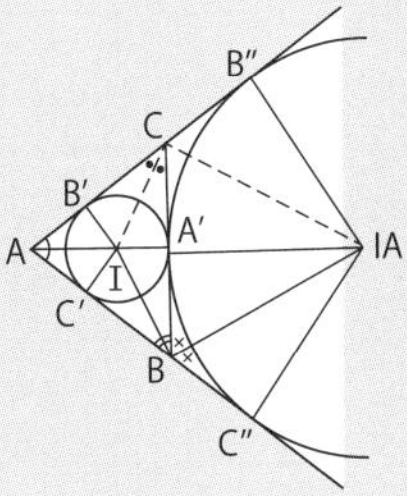

【図 5】

図 1　内心定理

中心 I を内心という

図 2　外心定理

△ABCの3辺からひく垂直2等分線は点0で交わり、0を中心として3つの頂点を通る円（外接円）が描ける

図 3　重心定理

Gは中線BQ、AP、CRを2：1に内分する

図 4　垂心定理

△ABCの各頂点から対辺に垂線をおろした線は点Hで交わる

△ABCの垂心Hは、△A′B′C′の外心と一致していることがわかる

図 5　傍心定理

△ABCの内角のそれぞれの2等分線は1点（Ｉ）で交わり、Ｉを中心として3辺に接する円（内接円）が描ける。またその他の2つの頂点の外角を2等分した線も1点（ＩA）で交わり（傍心定理）この点を中心として3辺に接する円（傍接円）が描ける。傍心は3点ある

三角形の5つの中心点を三角形の五心といいます

三角形の重心の定理と証明

◆重心とは何かがよくわかる

三角形の三辺の中点を結んだ3本の中線は、1点で交わります。その交点を三角形の重心といいます。

三角形の重心の定理とは、三角形の各頂点から対辺に引いた中線の比は、常に2：1になるという定理です。

具体例を使って説明してみましょう。61ページの【図】を見てください。

三角形ABCの各辺の中点を求め、それらの中点DEFを線分で結びます。この線分が重なったところが重心Gです。

この時、AGはGDの2倍、BGはGEの2倍に、CGはGFの2倍になっていることがわかります。

別な言い方をすると、AG：GD＝2：1、BG：GE＝2：1、CG：GF＝2：1に内分していることになります。

この性質はどのような形や大きさの三角形でも成り立ちます。

とても不思議な点ですね。

どんな三角形であっても、その重心から頂点に引いた線分と、それが対辺の中点から頂点に引いた線分の長さの比は常に2：1となるのです。

中学生で学ぶ三角形に関した定理のなかで、一番美しいものと言ってもよいでしょう。

すべての中線が2：1に分けられ、それが三角形の中心のバランスがよさそうな場所にあります。いかにも三角形の重要な中心点のようです。図形の勉強をはじめた中学生にとっては印象に残る定理であり、証明方法でもあります。

三角形にとって重要な点のひとつが重心です

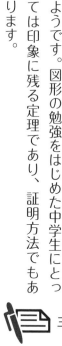

三角形の重心の定理を使って証明してみる

【図】

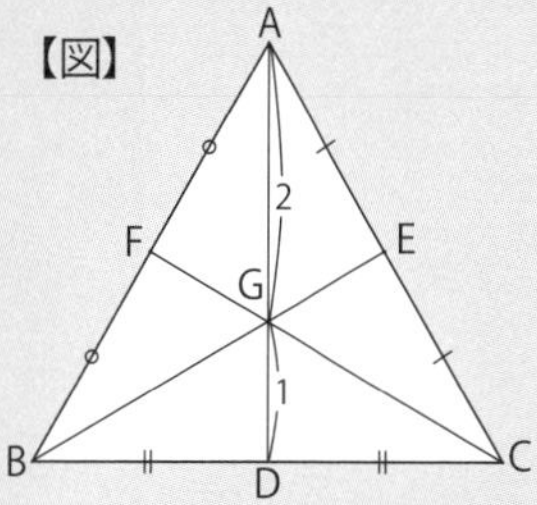

三角形の重心の定理を理解しておくと、応用範囲が広がります。

三角形の3つの中線は1点で交わり、その交わる点は3つの中線に対して、それぞれ2：1の比となります。

3つの中線の交点Gを、三角形の重心といいます。

三角形の重心の定理を使った証明

平行四辺形$ABCD$の対辺、AD、BC上にある中点をそれぞれE、Fとしたとき、AF、CEと対角線BDが交わる点をP、Qとする。そのとき$BP=PQ=QD$であることを証明してみましょう。

問題通りに図を書くと図①のようになります。

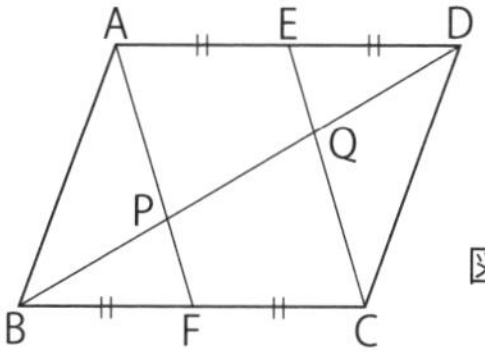

図①

図②のように、対角線ACをひき、BDとの交わる点をOとする。
Oは、△ABCを考えるときに、AO＝OC、BF＝FCとなるので、点Pは△ABCの重心となる。

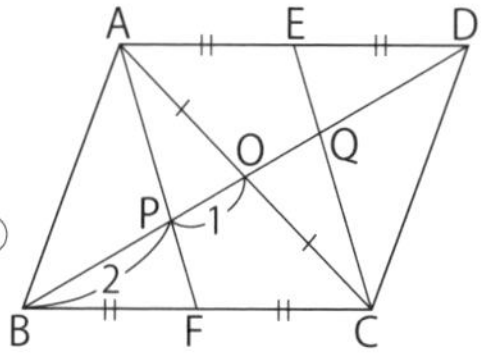

図②

ここからBP＝2PO、同じようにしてQD＝2OQ、BO＝ODである。PO＝1とすると、BP＝QD＝2。またPO＝OQ＝1、PO＋OQ＝PQ＝2、ゆえにBP＝PQ＝QDとなる。

三角形の各頂点から対辺の中点を結んだ線の交点が重心

独立試行の定理

◆確率の分野で重要な定理のひとつ

独立試行の定理は確率の分野で重要な定理です。この定理は互いに独立した試行の結果の確率を計算するために応用できます。**独立試行とは、各試行の結果が他の試行の結果に影響を与えない試行のことをいいます。**

たとえば、サイコロを2回振ったとき、1回目に1の目が出る可能性は$\frac{1}{6}$、2回目も1が出る可能性は$\frac{1}{6}$です。これらの試行は独立しています。1回目に1の目が出たとしても、2回目も1の目が出る可能性は$\frac{1}{6}$のままです。したがって、サイコロを2回振ったとき、両方とも6が出る可能性は、$\frac{1}{6}\times\frac{1}{6}=\frac{1}{36}$となります。

この場合の独立試行の定理（確率）は、次の式で表すことができます。

$$P(A\cap B)=P(A)\times P(B)$$

ここで、P(A)は事象Aが起こる確率です。P(B)は事象Bが起こる確率です。P(A∩B)は事象Aと事象Bの両方が起こる確率です。この定理を活用すれば、サイコロを2回振って、両方の試行で奇数の目を出す確率などは簡単に求めることができます。

独立試行の定理は、確率の問題を解く際に非常に役立つ定理です。たとえば、コインを5回投げたとき、連続して表が出る回数の確率を求めたい場合では、この定理を用いれば、表が出る確率$\frac{1}{2}$の積を5回求めればいいことがわかります。

独立試行の定理は、確率の分野でさまざまな問題を解くための活用できる定理です。この定理を理解しておくと、確率に関する色々な問題を解くことができます。

確率の問題を解く上で重要な独立試行の定理

独立施行と確率の関係を知っておこう

サイコロを2回振って2回とも1の目が出る確率

$$P(A \cap B) = P(A) \times P(B)$$

P(A∩B)⇒事象Aと事象Bが同時に起こる確率
P(A)⇒事象Aが起こる確率
P(B)⇒事象Bが起こる確率

1回目に奇数の目が出る確率

→ $\frac{1}{2}$

2回目に奇数の目が出る確率

→ $\frac{1}{2}$

サイコロを２回振って、２回ともに奇数の目が出る確率を計算するとは $\frac{1}{2} \times \frac{1}{2}$ で $\frac{1}{4}$ となります

コインを5回投げて連続して表が出る確率

表が出る確率⇒$\frac{1}{2}$

$$\frac{1}{2} \times \frac{1}{2} \times \frac{1}{2} \times \frac{1}{2} \times \frac{1}{2} = \frac{1}{32}$$

5回連続して表が出る確率

5回連続して表が出る確率は $\frac{1}{32}$ となります

独立試行とは2つの試行が互いに他方に影響しない試行

二項定理

◆パスカルの三角形の基本となっている定理

nが正の整数であるとき

$(a+b)^n={}_nC_0a^n+{}_nC_1a^{n-1}b+{}_nC_2a^{n-2}b^2\cdots$

$+{}_nC_ra^{n-r}b^r+{}_nC_nb^n$とあらわされ、これを「二項定理」とよびます。

${}_nC_r$のCは、*Combination*（組み合わせ）のCをあらわしています。${}_nC_r$は、二項係数ともよばれます。

二項定理からは、様々な等式が導かれます。また二項係数の係数を並べていくと、三角形に配列された数表ができ、それをパスカルの三角形といいます。

65ページの【図】で赤で囲んだ箇所を見てください。三角形の各行には、数字が並んでいます。三角形の最初の行は「1」となっていることがわかります。

次の行の端の数字は常に「1」で、それ以外の数字はその上の段の隣接する2つの数字の和になっていることもわかりす。以下同じような法則で数字が並んでいます。

パスカルの三角形は、イタリアではタルターリャ（三次方程式解法の発見者）の三角形ともいいます。中国では1300年頃に発見されていました。

パスカルは、数学的帰納法によって、第m段の数の和が2^mになることを証明しています。さらに興味深いことに、三角形の数字を、斜めに加えていくと、フィボナッチ数列があらわれてくるのです。

フィボナッチ数列とは、1、1、2、3、5、8、13、21、34、55、89、144、233と、前の2項の和が次の数になるという規則性をもった数列のことをいいます。

パスカルの三角形は二項定理から導かれます

二項定理とパスカルの三角形

二項定理

$$(a+b)^n = {}_nC_0a^n + {}_nC_1a^{n-1}b + {}_nC_2a^{n-2}b^2\cdots\cdots$$
$$+ {}_nC_ra^{n-r}b^r + \cdots + {}_nC_{n-1}ab^{n-1} + {}_nC_nb^n$$

$(a+b)^n$の展開式の係数を求めて並べる

【図】

n＝0→ 1
n＝1→ 1　1
n＝2→ 1　2　1
n＝3→ 1　3　3　1
n＝4→ 1　4　6　4　1
n＝5→ 1　5　10　10　5　1
n＝6→ 1　6　15　20　15　6　1

これを**パスカルの三角形**という

パスカルは、フランスの天才的な数学者。父親がルーアンという町の税務官だったので、面倒な計算をしているのを見て、計算機を発明した。「人間は考える葦《あし》である」は、パスカルの有名な言葉

二項定理ひとくちメモ

パスカルの三角形の作り方は単純なルールに基づいている。まず最上段に１を配置する。それより下の行はその位置の右上の数と左上の数の和を配置する。たとえば、５段目の左から２番目には、左上の１と右上の３の合計である４が入る。このようにして順に数が並んでいる。

二項定理は代数学の定理のひとつです

フィボナッチ数列

◆不思議な力を持っている数列

パスカルの三角形（65ページ）にでてきた**フィボナッチ数列とは、別名ピサのレオナルドとよばれたフィボナッチが出版した『算盤の書』のなかに「ウサギの問題」として書かれているものです。**

「毎月、1対のウサギが1対のウサギを生み、生まれた1対のウサギが、翌々月から1対のウサギを生み始めたならば、1対のウサギから1年後には、合計何対のウサギとなっているだろう」というものです。

1、1、2、3、5、8、13、21、34、55、89、144、233……と増えていきます。

この数列は、次の2項となる規則性をもっています。

$$a_1=1, a_2=1, a_n=a_{n-2}+a_{n-1} \ (n \geqq 3)$$

フィボナッチ数列は、ほかの生物の現象でも見ることができます。花びらの数、草や葉のつき方などです。コスモスの花びらは8枚、マーガレットは21枚、ひまわりは34枚などです（84ページ参照）。

また面白いことに、フィボナッチ数列の2項の比を無限大までとっていくと、その値は黄金比へと収束していくのです。

黄金比の歴史は、古代ギリシア時代に遡《さかのぼ》りピタゴラス学派の正五角形に関する研究に見られます。

フィボナッチ数列は前の2項の和が基本となっていますが、前の3項の和が基本となっている数列に「トリボナッチ数列」、前の4項の和が基本となっている数列に「テトラナッチ数列」があります。

フィボナッチ数列は自然界にも存在しています

『算盤の書』に書かれているウサギの問題

ウサギの問題

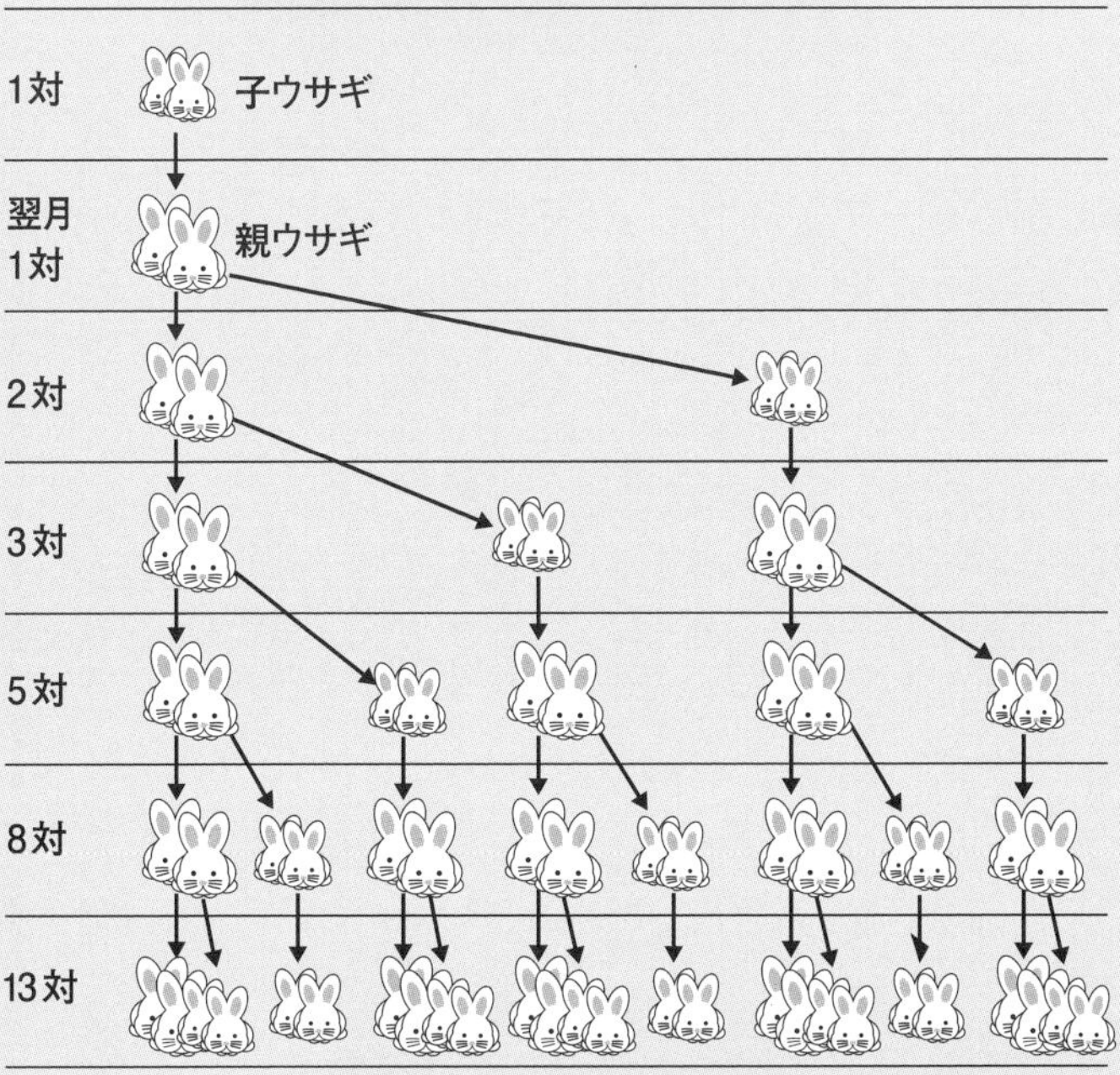
1対
子ウサギ
翌月
1対
親ウサギ
2対
3対
5対
8対
13対

初項を1、第2項も1として、2つの項の合計を、次の項に書き並べていくと、1，1，2，3，5，8，13，21，34，55，89，144、233………
という数列ができる

フィボナッチ数列ひとくちメモ

同様な数列に「トリボナッチ数列」というものがある。フィボナッチ数列が「前の２項の和」なのに対し、トリボナッチ数列は「前の３項の和」だ。最初のいくつかの項は、0, 0, 1, 1, 2, 4, 7, 13, 24, 44, 81, 149, 274, 504, 927, 1705, 3136, 5768, 10609, 19513, 35890, 66012 … となる。

前の４項の和で定義される数列をテトラナッチ数列をいいます

フィボナッチ数列と黄金比

◆調和のとれた造形美をつくりあげる基本

フィボナッチ数列の隣合う2項の比をとっていくと、黄金比に近づくことは前に述べましたが、では、この黄金比とはどんなものでしょう。

黄金比とは、「宇宙空間でもっとも美しい数値」とまでいわれるものです。小は名刺から大は惑星の軌道にまで黄金比率は、関係しているのです。私たちの体も、この黄金比率によっているといわれています。具体的にどのようなものかというと、

線分ABをAB：AC＝AC：BC

AC^2＝BC・ABとなるように、点Cで分けたときの比を黄金比といいます。

$$AC : BC = \frac{1+\sqrt{5}}{2} : 1 \fallingdotseq 1.62 : 1$$

紀元前4世紀に、ギリシアで考案したといわれ、〝黄金比〟の名をつけたのはレオナルド・ダ・ヴィンチです。

古来、黄金比は美術や建築、工芸などの世界において、調和のとれた造形美をつくりあげる基本と考えられてきました。ミロのヴィーナス、パリの凱旋門、パルテノン神殿のほかに、ニューヨークの国連ビル、ピラミッドなどが有名です。

このように黄金比は美しい比率であるがため、様々な場面で活用されていますが、日本にも黄金比同様に美しい比率として「白銀比」というものがあります。その比率は1：1・414です。この比率はスカイツリーの高さ（634ｍ）と第2展望台の高さ（450ｍ）との関係や、ドラえもんの頭と身長の関係などにもみられます。

名刺のタテ・ヨコの比は黄金比になっています

宇宙空間で最も美しい数値と黄金値

黄金比とは

フィボナッチ数列の隣合う2項の比をとると限りなく近づく値

1.618034…が
黄金比!!

$$\frac{1}{1}=1、\frac{2}{1}=2、\frac{3}{2}=1.5、\frac{5}{3}=1.66\cdots\cdots$$

$$\frac{8}{5}=1.6、\frac{13}{8}=1.625、\frac{21}{13}=1.61538\cdots\cdots$$

$$\frac{34}{21}=1.61904\cdots\cdots、\frac{55}{34}=1.61764\cdots\cdots$$

$$\frac{1+\sqrt{5}}{2} \fallingdotseq \mathbf{1.618034}\cdots\cdots$$

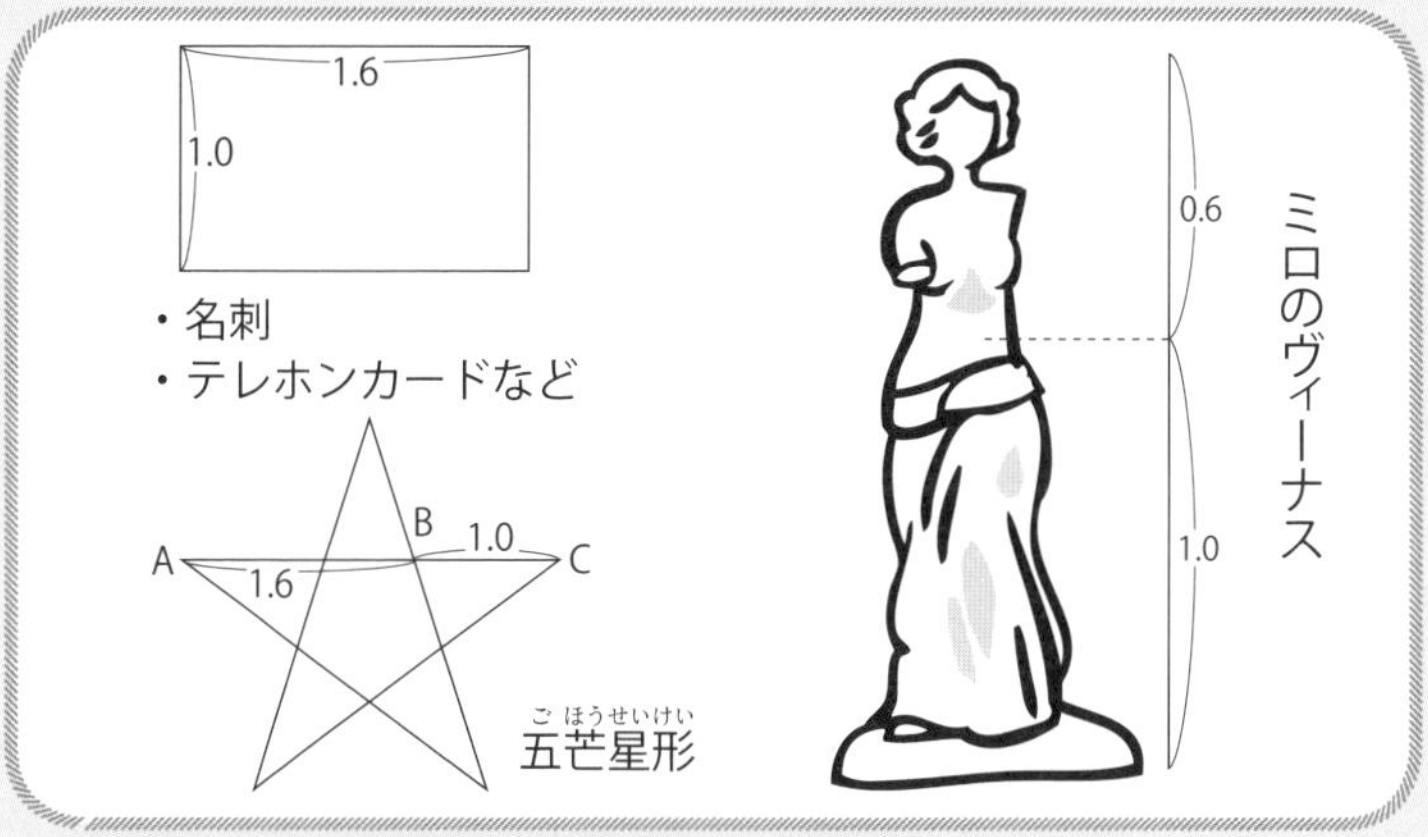
1.6
1.0
・名刺
・テレホンカードなど
A
B
C
1.0
1.6
五芒星形《ごほうせいけい》
0.6
1.0
ミロのヴィーナス

ミロのヴィーナスひとくちメモ

ミロのヴィーナスはギリシア神話における女神アプロディーテーの像と考えられている。高さ203cm。発見時は碑文が刻まれた台座があったが、ルーヴル美術館に持ち込まれた際に紛失している。作者は紀元前130年頃に活動していた彫刻家、アレクサンドロスと考えられている。

日本では美しい比率に白銀比（1：1.4）があります

高校数学で習った微分積分

◆文明の発達に大いに寄与する

微分積分は、数学のなかでも難しいという印象が強く、嫌われがちです。**もともとは、星の観察をする過程で生まれてきたものなのです。**

天体観測が、学問最先端であった頃、その計算の難しさは並大抵の仕事ではありませんでした。

17世紀後半に、惑星の軌道が楕円であることを発見したケプラーと、物体が描く放物線を見つけたガリレオによって、曲線というものが、学問の世界に取り込まれたことは、画期的な出来事だったのです。

その後、**ニュートンとライプニッツによって創始された微分積分学が、自然科学の世界で発展を遂げると、数学は自然科学の基礎をなすもの、といわれるようになります。**この頃の数学は、決して社会に利用できる学問を目指していたわけではないのです。

数学者による数学的対象の面白さにひかれて、研究を重ねていただけだったのです。ところが今や微分積分は、日常の暮らしのあらゆるところに浸透してきています。

数学が、数学のための研究から、理系分野に限らず、経済などの様々な分野に広く応用されるようになったのは、数学史のうえからみても大きな転換点です。微分積分で文明が発達したといっても過言ではありません。

微分とは細かく分けること、積分とは分けた部分の合計という性質があります。この性質を利用して、微分積分は数多くの分野で利用されており、私たちの生活上欠かすことのできない考え方なのです。

積分のほうが微分より先に発見されました

微分積分ってどんな性質があるの？

ニュートン、ライプニッツ

この二人によってつくられた微分積分は、難解で一般の人にはわからないものだった

→

ラグランジェ、オイラー

その後、微分積分の研究が進められ、現在のような形となった

微分積分は星の観測から生まれた

↓

星の動きを知る計算が大仕事

↓

微分積分が創始されると
計算で星の動きが求められるようになる

微分積分はどのように利用されているのだろう

物理学、化学、生物学の分野はもちろんのこと、経済学など、すべての分野で利用されている

経済学……金融取引や統計データの分析

高速道路、新幹線などの線路や道路、あるいは軌道の曲線（クロソイド曲線）を計算するときに使われるなど

微分……細かく分けること

積分……分けたものの合計

微分積分の発見者は二人います（ニュートンとライプニッツ）

微分積分の基本を知る

◆日常生活の多くの場面で活用されている定理

計算がやさしいことから、高校数学では微分を先に習いますが、**実は歴史的にみると積分のほうは、はるか古代エジプト時代から、すでに用いられていたのです。**

ナイル川がひんぱんに氾濫することで、測量の技術が時間とともに発達し、複雑な地形の面積を求めることが、積分の考え方のもととなっていたのです。

(1)関数$f(x)$に対し、$F'(x)=f(x)$をみたす関数$F(x)$を$f(x)$の原始関数といいます。
また、$f(x)$の任意の原始関数は、$F(x)+C$とあらわし、$\int f(x)dx$と表し$f(x)$の不定積分といいます。

(2)関数$y=f(x)$であらわすグラフと$x=a,x=b$の2本の直線とx軸で囲まれた部分の面積を、$\int_a^b f(x)$とあらわします。

関数$f(x)$のaからbまで積分するといいます。これらのことから、微分積分学の基本定理は、$\int_a^b f(x)dx=F(b)-F(a)$となります。

数式であらわすと複雑ですが、微分積分の考え方は、私たちの日常生活の身近な部分で活用されています。スマホのバッテリーの残量表記もそのひとつです。

スマホは常に電源が入っているわけではありません。電池を消費していない時間帯もあります。時間とともに変化する電池の使用量の合計と残りの量との関係を計算するのに使われているのが微分積分です。天気予報や新型コロナの感染拡大予測、人工衛星がどのような軌道を進むかなどにも微分積分の考え方が活用されています。

微分とはある関数の各点における変化の割合のことです

微分積分の基本定理と誕生の歴史

微分積分学の基本定理

$$\int_a^b f(x)\,dx = F(b) - F(a)$$

微分	積分
曲線の接線 変化率を求める ↓ 比較的計算がやさしい	複雑な形の 面積を求める ↓ 計算は難しい

誕生の歴史を比較

17世紀にニュートンと**ライプニッツ**により発明

・どちらが先に発明したかについては、ニュートンが先という説が有力

・ライプニッツは、記号の考案に興味をもち、積分記号として使われる「∫」インテグラルを考案

↓

これによってわかりやすさがますこととなった

古代エジプト時代

・エジプトの「ナイル川」が氾濫をおこす

↓

土地の測量、幾何学の発達

↓

アルキメデスの「取りつくし法」が積分の基礎となる

↓

図形を細かく分けて考える

↓

円 ➡ 円周率

高校の数学で学ぶ「微分・積分」。実はこの「微分・積分」は日常生活の様々なところで活用されている重要な定理なのだ。

積分とはある関数が描く面積のことです

カヴァリエリの定理

◆面とは平行する線が無限に集まったもの

微分積分の微分が、細かく分けることで、そのものの変化の様子を見ていこうとするのに対して、積分は分けたものを積み重ねることで、合計を出していく方法のことです。

積分で、面積や体積を求めることができます。この積分の考え方を発展させたのが、17世紀イタリアの数学者として活躍した、ボナヴェントゥーラ・カヴァリエリ（1598年〜1647年）です。**カヴァリエリは、面とは平行する線が無限に集まってできたものであり、立体は、その平行する面が無限に集まったものと考えたのです。**

カヴァリエリは、同じ高さの二つの立体があったときに、それを底辺に平行な平面で切ったときの断面の比が一定であるならば、体積の比も断面の比と同じであることを発見したのです。

同じ高さをもつ二つの立体を、同じ位置で底辺に平行に切断したならば、そのそれぞれの面積の比と体積の比も同じになるということです。これを「カヴァリエリの定理」といいます。

同じ枚数のトランプの山をつくり、片方はきれいにそろえ、もう一方は斜めにおいたとしても、体積は変わらないということなのです。

コインを10枚ほど重ねたときの形をイメージしてください。きれいに10枚を重ねた場合と少しズレた状態の場合、どちらもコイン10枚の体積はトランプのケースと同様に変わらないことがわかります。この性質をカヴァリエリは約500年前に発見したのです。

カヴァリエリは若いときにイエズス会の修道士でした

トランプの山とカヴァリエリの原理

カヴァリエリの原理

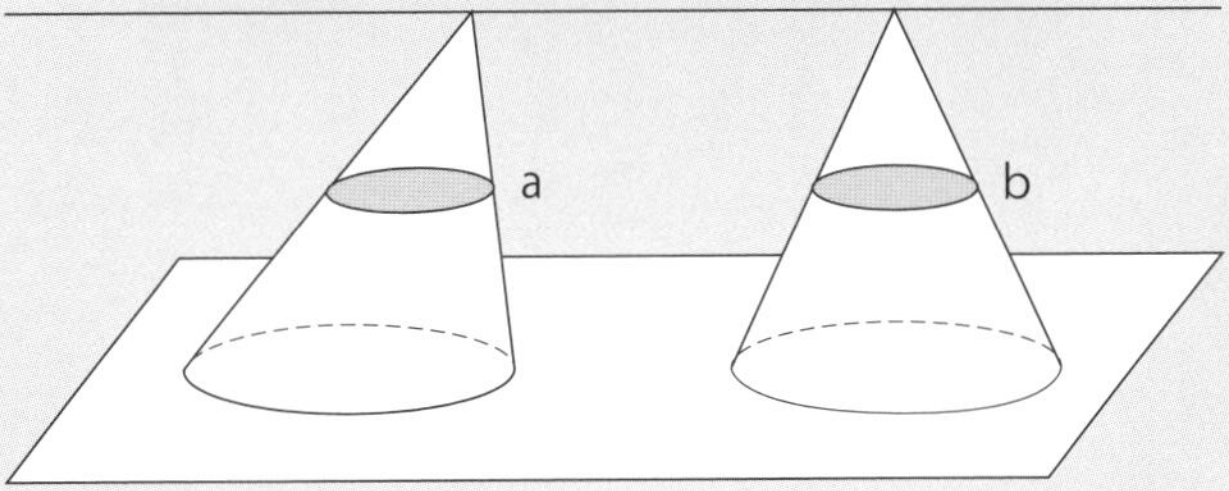
a
b

同じ高さの二つの立体を、平行な平面で切ったときの
a、bの比が一定であるときに
その体積の比もa、bの比に等しい

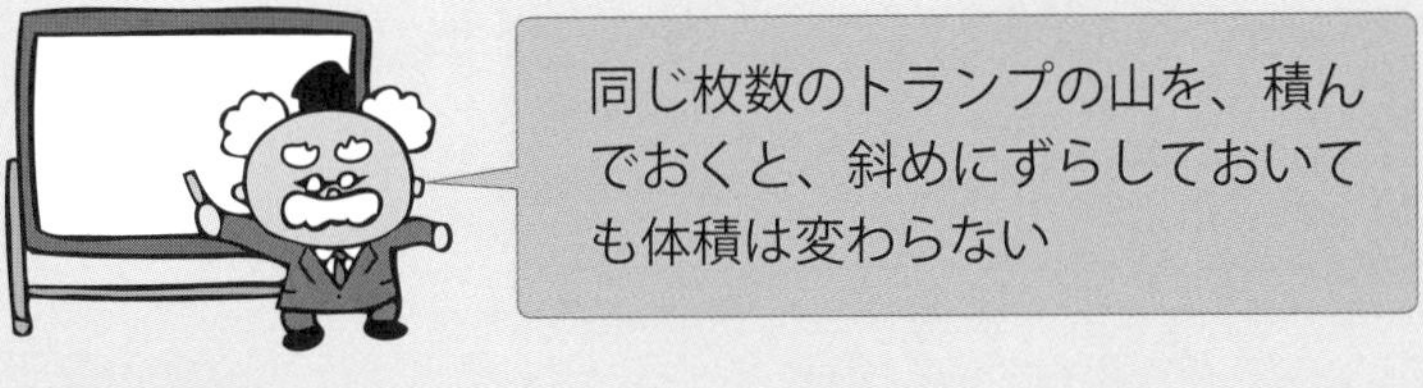
同じ枚数のトランプの山を、積んでおくと、斜めにずらしておいても体積は変わらない

カヴァリエリ 幼少よりイタリア諸都市において宗教学を修め、聖職者を目指していた。1616年、ピサでガリレオ・ガリレイの弟子と出会い、数学者としての道を志すようになった。ミラノやパルマの修道院で勤務する傍ら数学研究を続け、1629年にボローニャ大学の数学教授となり、カヴァリエリの原理を証明して名を残した。

面積や体積に関する一般的な法則のひとつがカヴァリエリの定理です

ピックの定理

◆図形の面積を方眼紙を使って求める

人が面積を考えるようになったのは、古代エジプトで土地の面積を公平に分ける必要があったからでした。

　面積の単位が生まれたのは、畑を耕すことからといわれています。古くから日本では、田を測る単位として代《しろ》と、ドイツでは午前中に牛が耕す広さを基準にして、1モルゲンとよんでいたといいます。

　どれくらいの土地から、どれだけの収穫物があるのかを知るために面積を求めることは、大切なことだったのです。土地の形は、常に正方形や三角形ばかりではありません。曲線で囲まれた名前のつけられないような形のときには、どのようにして計算するのでしょうか。

　そのようなときに役に立つのが、方眼紙を使って考える方法です。**複雑な曲線の土地を縮小し、方眼紙の上に置いて面積を求めるのです。**

　完全な正方形の数と、方眼紙の境目にある不完全な正方形の数を数えて、計算します。

$$面積＝(内側の交点の数)＋\frac{(辺上の交点の数)}{2}－1$$

　であらわされ、これを「ピックの定理」といいます。

　ピックの定理は、幾何学における重要な定理のひとつです。等間隔に点が存在する平面上の図形の面積を求めるための公式です。ピックの定理は、19世紀のドイツの数学者ゲオルク・アレクサンダー・ピックによって発見されました。ピックは幾何学と解析学の研究で知られている数学者です。

ピックの定理は格子点と深い関係があります

曲線で囲まれた図形の面積を求める方法

ピックの定理の考え方

曲線で囲まれた図形の面積を、方眼紙を使って求める

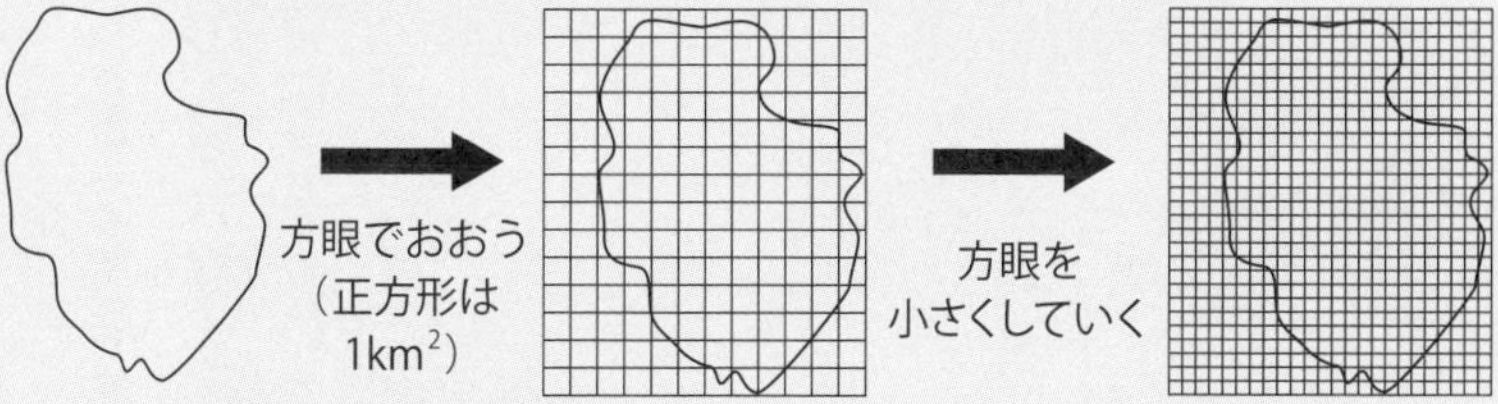
方眼でおおう
（正方形は
1km²）
方眼を
小さくしていく

- 完全な正方形の数を数える
- 不完全な正方形の数を数える

不完全な正方形は□が◩となっていたり◪となっているので、半分と考える
完全な正方形が78、不完全なもの46
とすると

$$78+\frac{46}{2}-1=78+23-1=100$$

100km²となる

以上の考え方を、直線図形の場合で考えてみると

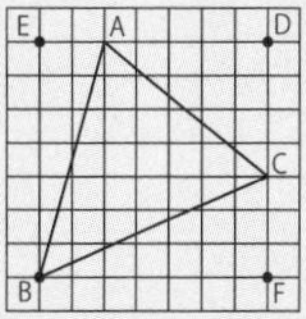
E
A
D
C
B
F

三角形A、B、Cの面積は
面積＝(内側の交点の数)＋$\frac{\text{(辺上の交点の数)}}{2}$－1
であらわされる

内側の交点の数＝21個
三角形の辺上の内側の
交点の数＝3個(頂点のみ)
とすると
$21+\frac{3}{2}-1$
$=21.5$

一般的な方法で
三角形 A、B、Cの面積を
計算すると
四角形 DFBE－(△ AEB＋△ BCF＋△ ADC)＝7×7－
$\left(\frac{7\times2}{2}+\frac{7\times3}{2}+\frac{5\times4}{2}\right)$
$=21.5$

同じ解となる

ピックはナチスの収容所で人生の最期を迎えました

アーベルの定理

◆ないことを証明するのは難しい

五次以上の一般の代数方程式には、解法が存在しないということが証明されています。解が存在しないということではなく、加減乗除や根号などを使った解法が存在しないということなのです。

一般的にものごとは、あることを証明することは簡単ですが、ないことを証明することは、難しいものです。いろいろとやってみて失敗した、というのとは違うわけですから、とても大変なことです。

この証明をしたのが、ノルウェーの数学者ニールス・アーベルでした。アーベルはこのとき21歳の若さでした。

この証明をさらに進め簡潔にすることで方程式に解法の公式が存在することとは、どのようなことなのかを研究したのが、フランスの数学者エヴァリスト・ガロアです。

ガロアは、方程式の根の公式を求めるなかから、独自の方法「ガロア理論」を生み出しました。一般の五次方程式では、根の公式を見出すことはできないことを見つけたのです。

結果として、アーベルの証明をさらに高い視点から統一して「ガロア理論」を創設することにつながったのです。

四次までの代数方程式については解法が可能であるが、五次以上の代数方程式の解法が不可能であるということを、ガロアはアーベル以上に詳しく論じることにも成功しました。

これが「ガロアの理論」とよばれるものです。「ガロアの理論」は、現代数学の扉を開くとともに、現代の数学界において、様々な分野に影響を与えています。

三次方程式の解の公式はカルダノの公式といいます

五次方程式の解法は存在しません

アーベルの定理

$$f(x)=a_n x^n+a_{n-1}x^{n-1}+\cdots\cdots a_1 x+a_0$$

を、n次多項式として、$f(x)=0$の代数方程式を考える
$n=1$、2、3、4の場合は解の公式がある
方程式の係数a_n……、a_0により、加減乗除や累乗根を用いてあらわされた式で、係数の値にかかわらず、その値を式に代入することで計算をすると、方程式の解が得られるものをいう

↓ ところが

「$n \geqq 5$のとき、解の公式は存在しない」
ということを証明したのが、アーベルだった

- 一次方程式、二次方程式の解法は、古くからあった
- 三次方程式、四次方程式は、それぞれカルダノとフェラーリにより解法が得られている
- 五次方程式の解法も時間の問題と思われていたが、解法がないことが証明された→ガロア理論
  数学史上ショッキングな事件といわれている

ガロア理論ひとくちメモ

加減乗除ができるような数の範疇での代数方程式を考察対象とする。代数方程式が"代数的に解ける"かどうかが問題となる。ガロアは四次までの代数方程式についてはこれが可能と唱え、五次以上の方程式の解法は不可能であることをアーベルよりも詳しく論じた。これを「ガロア理論」という。

四次方程式の解の公式はフェラーリの公式といいます

オイラーの多面体の定理①

◆サッカーボールは球ではなく多面体

ワールドカップに代表されるように、近年サッカーは、世界的にメジャーなスポーツのひとつになりましたが、実はサッカーボールが五角形と六角形の組み合わせからなる多面体だということは知っていましたか?

ボールですから、球形に限りなく近いことは間違いないのですが、厳密にいうと多面体なのです。

一般的にイメージされるサッカーボールは、五角形12個と六角形20個でつくられ、1960年代からサッカーボールの代表ともいえるデザインとなっています。

黒い正五角形を取り巻くように、白い正六角形が配置されていて、角切り正二十面体と名づけられています。

正二十面体の頂点を切り落とした形なので、このようによぶのです。

正二十面体の頂点の数が12個であることは、81ページの図を見ていただくとわかりますが、この12個の頂点部分を五角形に切り取り、六角形と組み合わせたのです。

五角形12個、六角形20個の合計32個の多面体からなるのですが、頂点は32個ともすべてがひとつの球に内接しているので、もっとも球に近い立体となるわけです。

正多面体は、正四面体、正六面体、正八面体、正十二面体、正二十面体の五種類しか存在しないことを発見したのは古代ギリシアの哲学者、プラトンです。

サッカーボールの白と黒の幾何学模様は、見た目の楽しさや美しさだけではなく、ちゃんと理由があったのです。

サッカーボールが球形ではないのは驚きです

サッカーボールは球体ではありません

サッカーボールは角切り正二十面体

サッカーボールは正二十面体の頂点を切り取り、黒い五角形のその周りに白い六角形を配して合計32個の多面体からつくられている

展開図にしてみると

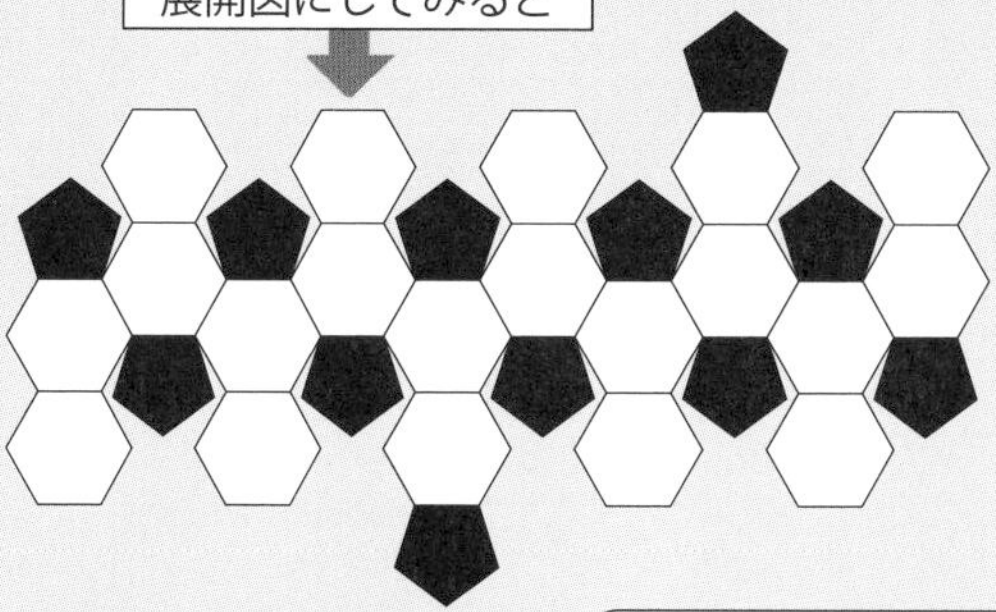

サッカーボールは
実は球ではなかった
のです

サッカーボール

正五角形（黒）………12 個
正六角形（白）………20 個
これを組み合わせてできている

オイラーの多面体定理

頂点の数－辺の数＋面の数＝2

正六面体	8 － 12 ＋ 6 ＝ 2
正八面体	6 － 12 ＋ 8 ＝ 2
正十二面体	20 － 30 ＋ 12 ＝ 2
正二十面体	12 － 30 ＋ 20 ＝ 2

サッカーボールのサイズは5種類（1号球～5号球）存在しています

オイラーの多面体の定理②

◆〝神の作品〟とよばれる5つの正多面体

正多面体はプラトンの多面体ともよばれています。プラトンの時代のギリシア数学は、調和が重視されたときでした。平面図形における調和といえば、円であり正多角形であり、球と正多面体は三次元的な図形でした。多面体をつくるのは、面の数を増やすことで、いくらでもできるように思われますが、実はそうではありません。

正多面体とよべるものは、5種類しかないのです。

正四面体、正六面体（立方体）、正八面体、正十二面体、正二十面体です。

①どの面もすべてが合同となる正多角形である。②それぞれの頂点に集まる面の数がどこも同じである。この二つの条件をみたす多面体が正多面体です。

プラトンは、美しい形の立体それだけに感動していたのですが、さらに関係が双対《そうつい》であることを知って、〝神は幾何学する〟という名言を残したといわれています。

プラトンにとって、立体の美しさは〝神の作品〟に匹敵するほどに素晴らしいものと思えたのでしょう。

プラトンは5種類の正多面体を眺め、それぞれの面の中心に頂点を設け、そこに多面体をつくってみることを試みたのです。すると最初の多面体の中に、別の正多面体ができることを発見しました。

これを双対な多面体とよびました。 正六面体の双対は、正八面体で、正十二面体と双対となるのは正二十面体です。

プラトンは〝神は幾何学をする〟という名言を残しました

この世に5種類しか存在しない正多面体

正多面体は5種類

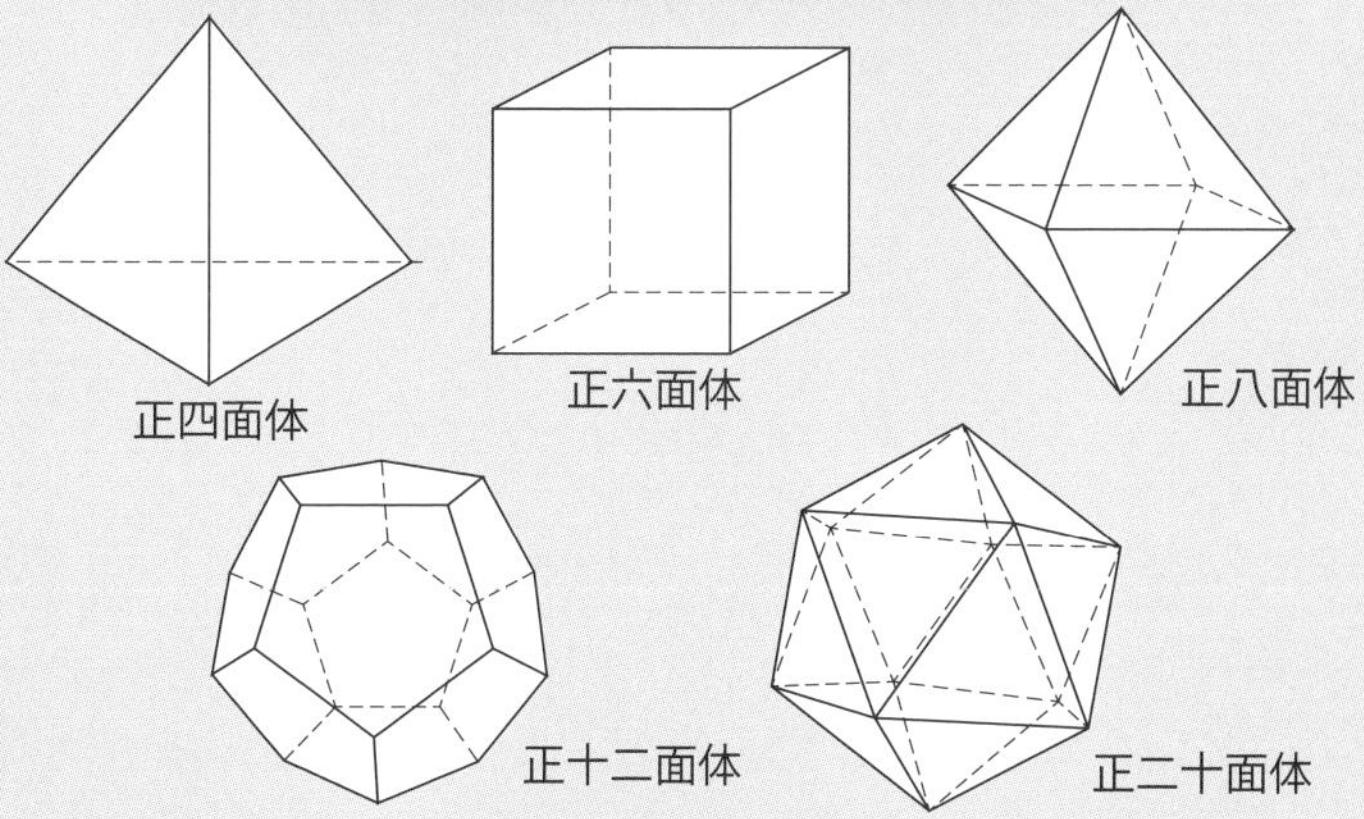

正多面体の定義

1. すべての面が互いに合同な多角形で成り立つ。しかもすべての頂点の平面角が等しい多面体（平面角…２つの面が交わるとき、それぞれの面の間の角）。
2. 正多面体は３、４、５の角でしか面をつくることができない。

正多面体の性質

	頂点の数	辺の数	面の数
正四面体	4	6	4
正六面体	8	12	6
正八面体	6	12	8
正十二面体	20	30	12
正二十面体	12	30	20

オイラーの多面体定理…多面体の頂点の数をｖ、辺の数をｅ、面の数をｆとすると、ｖ－ｅ＋ｆ＝２が成立する

オイラーは数学の研究に没頭し過ぎたために失明してしまいます

日常生活に影響を与えた数学者③

レオナルド・フィボナッチ

(1174年頃〜1250年頃)

インド・アラビア数学をヨーロッパに紹介した数学者

フィボナッチは、貿易商ボナッチの息子として生まれました。フィボナッチという名前は、ボナッチの息子という意味があります。父、ボナッチはイタリアで貿易の仕事をしていました。当時のイタリアは非常に繁栄していたため、ボナッチ家は貿易商という仕事面でも成功を収めていました。

フィボナッチは青年の頃、北アフリカのブキアで数学の勉強をしましたが、後に父の仕事を手伝って貿易の仕事をすることになります。

仕事であちこちの土地へ旅行をするのですが、合間をぬって数学の勉強をし続けます。数学のなかでもフィボナッチがとくに興味をもったのは、アラビアの数学でした。

インドの数は「1, 2, 3, 4, 5, 6,

フィボナッチ数列と花びらの数

フィボナッチ数列⇒1・1・2・3 5 8 13 21 34 55…

桜5枚

コスモス8枚

マーガレット21枚

ひまわり34枚

「フィボナッチ数列」と初めてよんだのはフランスの数学者・エドゥアール・リュカです

7, 8, 9からなり、これにアラビア語でsifrとよばれることばを使うと、どのような数もあらわすことができる」ということを発見しました。

　このことは彼の著書である『算盤の書（Liber Abaci）』のなかに書かれています。sifrとは「空」を意味する言葉で、のちにイタリア語のゼロ（Zero）となります。

　彼の書はヨーロッパで読まれていました。そのため、インド・アラビア記数法がヨーロッパ全土に拡がることになるのです。

　フィボナッチはそのほかにも数学の新しい発見をしましたが、その功績を認められたのは、死後200〜300年を過ぎた頃からでした。『算盤の書』の中に書かれているものの中で特に有名なものに「フィボナッチ数列」とよばれるものがあります（66・68ページ参照）。この数列は自然界にも数多く存在し、植物の花の花びらの数などは、**フィボナッチ数列の中にある数字と一致しています。**

黄金比と○○

フィボナッチ数列の隣合う２項の比をとると限りなく近づく値 ＝ **黄金比**

※69ページ参照

黄金比が使われている建物

黄金比の比率は1：約1.618

▲ミロのヴィーナス

▲凱旋門

▲パルテノン神殿

世界的に有名な美術品や建造物には黄金比が隠されている

「フィボナッチ数列」が創り出す螺旋《らせん》は、世界で最も美しい螺旋だと言われています

倍々に数が増えていくと恐ろしい数になる

豊臣秀吉が家来の曽呂利新左衛門に手柄をたてたほうびについて聞きました。
「ほうびには望みのものをやろう。何がほしいか申してみよ」

新左衛門はじっくりと考えた末に、**「ここは百畳敷の広間ですが、最初に畳1枚に米1粒、次の畳には倍の2粒、その次の畳には2粒の倍の4粒、と倍々に増やしていって、最後はこの広間の畳の数全部の米粒をいただきたい」**と応えました。「畳1枚に米1俵ではたいへんだが、そんなものでよいのか」

と秀吉は、笑いながら尋ねたそうです。秀吉は頭のなかで、「百畳といったところで、米1粒からならば、せいぜい米俵にして10俵～30俵くらいのものに違いない」と考えていたのです。

ところが、家来の一人に計算をさせてみたところ、5畳、6畳…8畳くらいまでは、ひと握り（256粒）ほどであったものが、30畳を超えたあたりから急に増えて、**米俵で勘算すると2千俵近くになっていたのです。**秀吉にとっては、それでも大した量ではありませんが、百畳となると、いったいどこまで増えるの

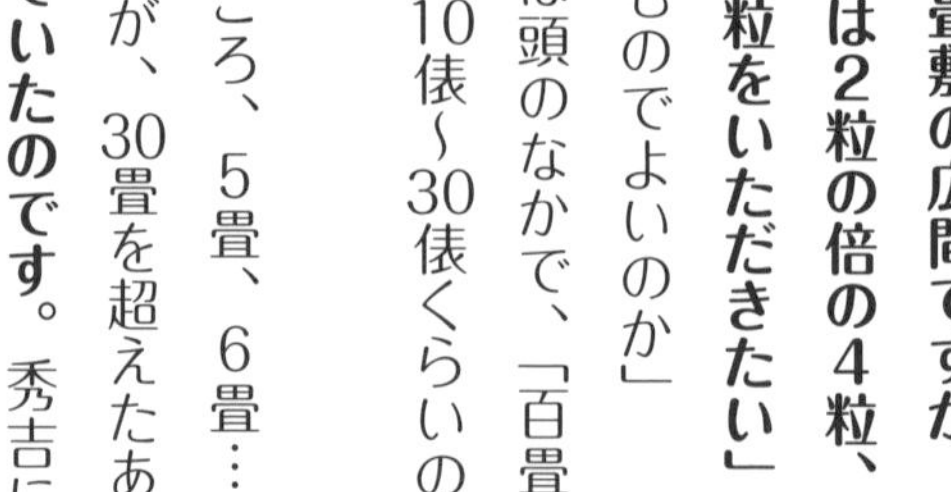
1を100回倍にしていくだけで恐ろしい数になってしまう！

か、恐ろしくなってきたのです。事実百畳で計算した結果は、525,000,000,000,000,000,000,000,000,000,000俵となり、日本中どころか、それまでに人間がつくった米を全部集めても及ばない数となったのです。

秀吉は、これほど大量の米をあげることはできないと、新左衛門にあやまったということです。**倍々計算とは、本当に恐ろしいことがわかる逸話です。**その他では、「正月に、ねずみの夫婦が12匹の子を産んだ。2月にその14匹が、つがいで子を産んだ。親と子すべてで98匹になる。このように毎月増えていくとしたら、12カ月では総勢なん匹になるか」というものがあります。答えは、（2×7^{12}で）276億8257万4402匹と『塵劫記《じんこうき》』（1627年に吉田光由《みつよし》によって刊行された数学書）に書かれています。

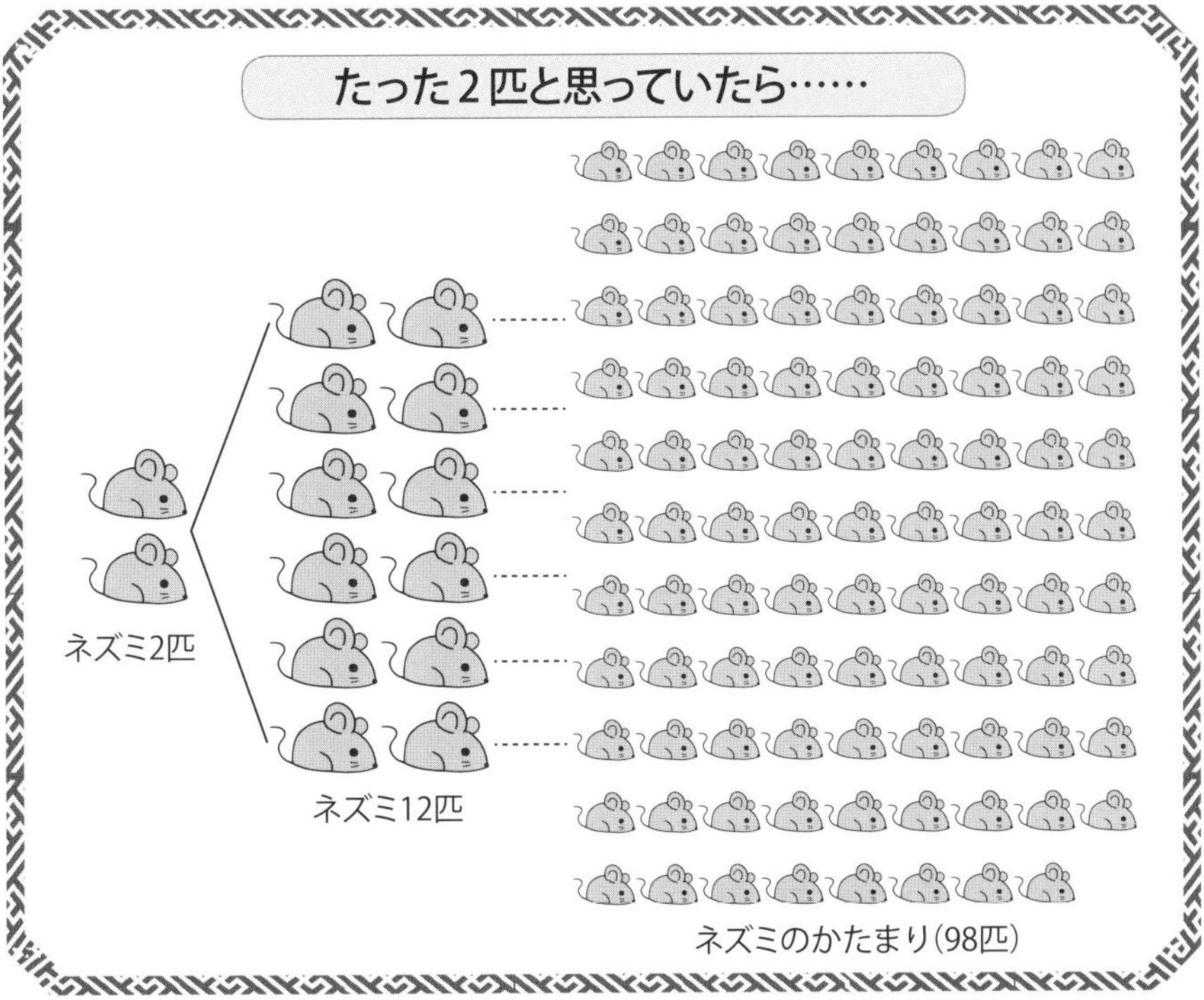
たった2匹と思っていたら……
ネズミ2匹
ネズミ12匹
ネズミのかたまり(98匹)

Column 3

五稜郭が五角形なのは敵の攻撃から守るためです

北海道函館市に五稜郭があります。五稜郭は江戸末期に作られた建物で、その形は星の形、五角形であることは有名です。どうして五稜郭は五角形なのでしょうか。

五稜郭は江戸幕府により1857年に、外国から防御するため7年の歳月をかけて作られた要塞《ようさい》です。その形が星の形をしていたため星型要塞と言われています。星型要塞とは、15世紀のイタリアで始まり、ヨーロッパ各地に広まった築城方式です。星型の先端に大砲を設置することにより、敵の襲撃をしずらくし、攻撃のときには死角ができずらい形になっています。五稜郭は国を守るための要塞として建築され、軍事上の理由から五角形になっているのです。アメリカ合衆国のペンタゴン（国防総省）もそうです。

第3章

一件落着！
数学の定理で
問題を解く

ピタゴラスの定理を使って問題を解く①

◆どのようにして橋をかけたのでしょうか？

ある公園に、半径20mの池がありました。その池のなかには小さな島があり、そこには松の木が植えてありました。

あるとき、1羽の鳥がどうしたわけか、羽根を傷つけ血を流して、松の木の下にうずくまっていたのです。そこへ通りかかった学生のグループが、鳥を見つけ、救助して、傷の手当てをしてあげることにしたのです。

近くにあるものといったら、長さ4.9mの厚い板が2枚きりで、半径20mの池に橋をかけようにもかけることができません。

しばらくすると、鳥は学生たちに助けられたのですが、さて彼らは2枚の板をどのように使ったのでしょうか。池のふちから、島の岸に一番近いところでも、5mは離れていたので、とても難しいことでした。

ちょっとひと休み
数学ひとくちメモ

4桁の足し算の計算方法

```
  3856          3856           3856
+ 7156   →    + 7156    →    + 7156
------        ------         ------
   112           112            112
    ↓          ↓
2桁暗算で      109 ────────→ 10900
下2桁を計算                   ------
         2桁暗算で100と        11012
         1000の位をまとめて暗算
```

3856＋7156のような４桁の足し算は上記のように２桁ずつ分けて計算すると、早く計算することができます。

東京タワーの高さは380mになる予定でした！

橋は無事にかけることができたのか

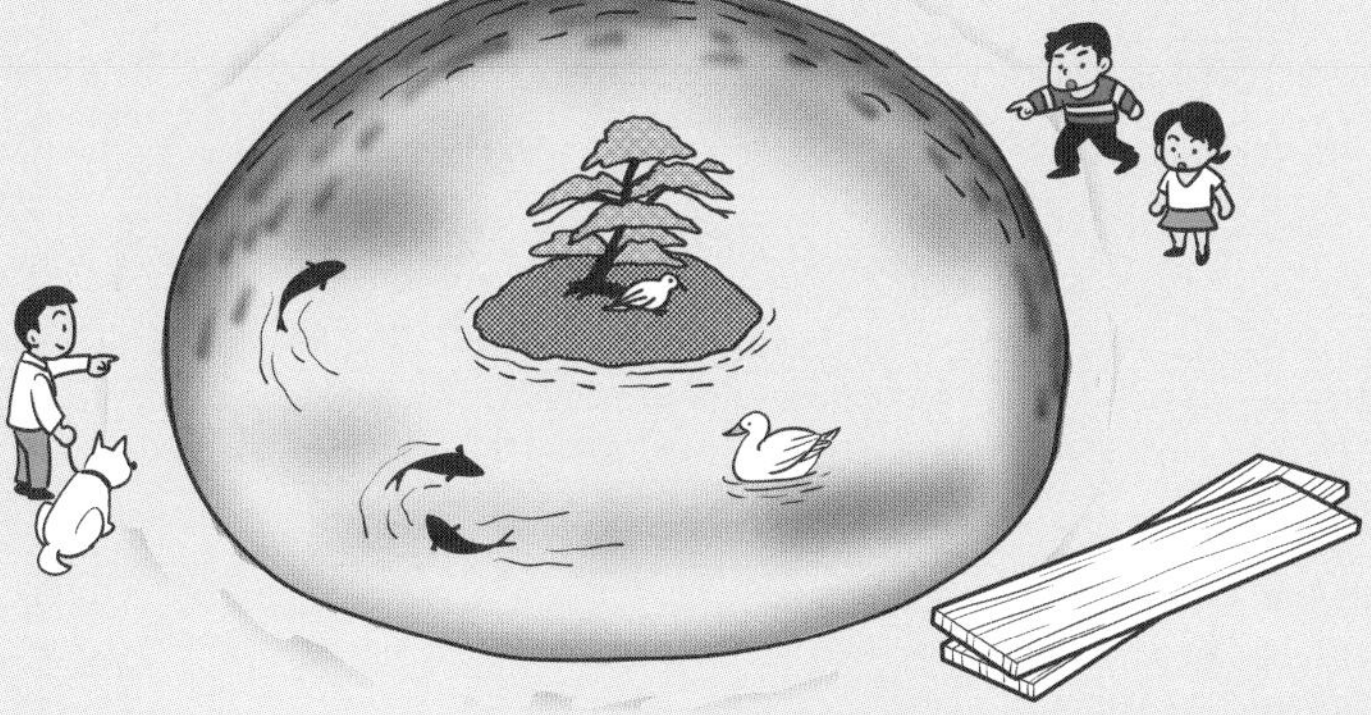

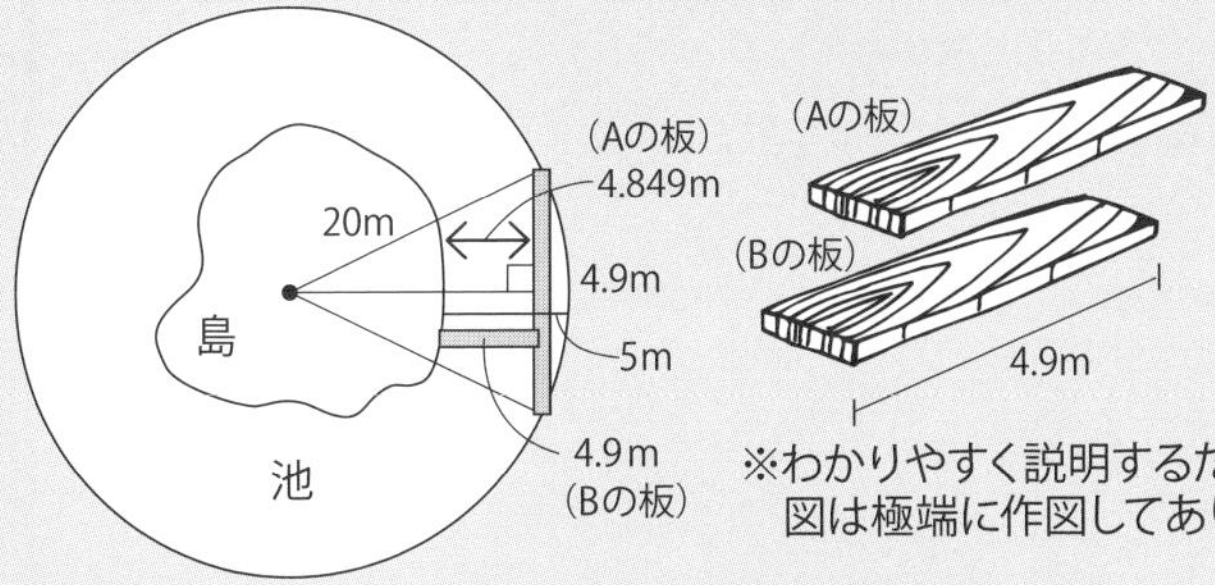
(Aの板)
4.849m
20m
4.9m
島
5m
4.9m
(Bの板)
池
(Aの板)
(Bの板)
4.9m

※わかりやすく説明するために
図は極端に作図してあります

①両端が円周上にくるように、1 枚の板をおく

②ピタゴラスの定理により板の中心から、
池の中心までを計算すると

$$\sqrt{\{20^2-\left(\frac{4.9}{2}\right)^2\}} \fallingdotseq 19.849\,(\mathrm{m})$$

③20－19.849＝0.151……池の中心から
島の岸（Aの板）まで 0.151m 短くなった。
5－0.151＝4.849……島からの距離が
4.849m になったので
4.9mのBの板で橋をかけることができた
（上図参照）

サッカーボールが現在のような形になったのは1960年代です

ピタゴラスの定理を使って問題を解く②

◆用紙のヨコの長さは何㎝になりますか？

タテの長さが24㎝の紙を、左図のように折り曲げたときに、BEは7㎝になりました。

では、この紙のヨコの長さが何㎝なのかわかりますか？

この問題も「ピタゴラスの定理」で、解くことができます。

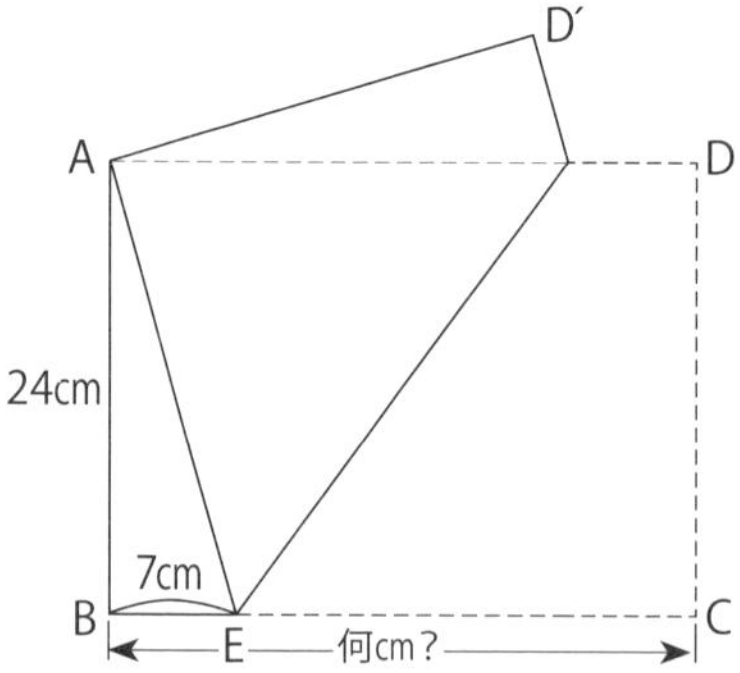

ちょっとひと休み
数学ひとくちメモ

3は記憶に残りやすい数です！

同類のものを数でくくってあらわしたものを「名数」といいます。「五経」や「御三家」というような「五」「三」を指します。「名数」のなかには「3」を使ったものが多くあります。「三人娘」「三冠」「日本三景」「三種の神器」…などなどです。その理由は人間が感覚的に一番認識しやすい数だからであると心理学で証明されています。

明治時代は一から百五三まで数字が銀行名でした

与えられた条件で長さを求める

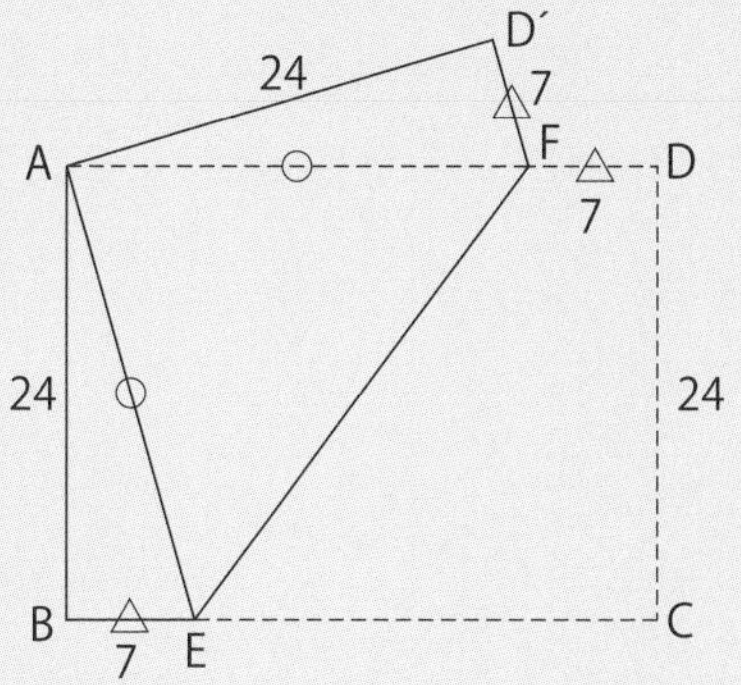

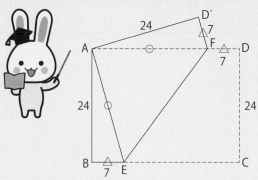

直角三角形において
$a^2+b^2=c^2$（Cは斜辺）が成り立つピタゴラスの定理を利用して解く
直角三角形ABEにおいてAEをxとする
$x^2=24^2+7^2$
$x^2=576+49$
$x^2=625$
$x=25$
EC＝AEからECの長さが25㎝なので
25＋7＝32

32cm

ピタゴラスは紀元前６世紀頃に、あらゆる事象には数が内在していること、そして宇宙のすべては人間の主観ではなく数の法則に従うものであり、数字と計算によって解明できるという思想を確立した人といわれている。

4/4、6/6、8/8、10/10、12/12はすべて同じ曜日になります

方べきの定理を使って問題を解く

◆スカイツリーからどこまで見える？

東京スカイツリー（東京都墨田区）は２０１２年（平成24年）５月に開業した、日本一高い電波塔です。塔内には放送施設のほかに商業施設や展示場、事務所、ホールなどが設けられています。

　高さ６３４ｍの建物には３５０ｍの高さに第1展望台、４５０ｍのところに第2展望台が設置されています。晴天のときには東京近郊、神奈川、千葉、茨城の一部まで見ることができるといわれていますが、実際にはどこまで見ることができるのでしょうか？　なお、地球の半径は６４００㎞とします。

　方べきの定理などを活用すれば、第1展望台・第2展望台から見えることが可能な距離を求めることができるのです。果たしてどれくらい先まで見ることができるのでしょうか？

ちょっとひと休み
数学ひとくちメモ

「次元」って何を表しているの？

１次元は線、２次元は面、３次元は立体と定義されています。私たちの世界は「タテ・ヨコ・高さ」の立体の世界でできています。コミックスやアニメは平面の世界ですから２次元です。ちなみに0次元は「点の世界」であり、４次元は「立体の世界」に時間軸を追加した世界を指しています。タイムマシーンが日常的に活躍するような世界は4次元の世界です。

四六時中の語源は一日が24時間だからです

スカイツリーからはどこまで見える?

スカイツリーから見える範囲

スカイツリー展望台を点Pとし、Pから地球への接点をTとする。

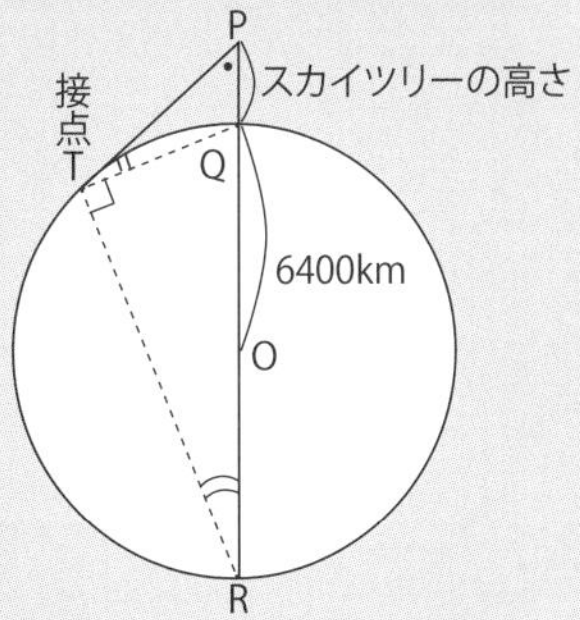
P
スカイツリーの高さ
接点T
Q
6400km
O
R

$\triangle PTQ \backsim \triangle PRT$
（2角が等しい相似）
$PT : PQ = PR : PT$

これから、$\frac{PT}{PQ} = \frac{PR}{PT}$

よって、$PT^2 = PQ \times PR$

第1展望台　$PT^2 = 0.35km \times (0.35km + 6400km \times 2) \fallingdotseq 4480km$
$PT \fallingdotseq 67km$

第2展望台　$PT^2 = 0.45km \times (0.45km + 6400km \times 2) \fallingdotseq 5760km$
$PT \fallingdotseq 76km$

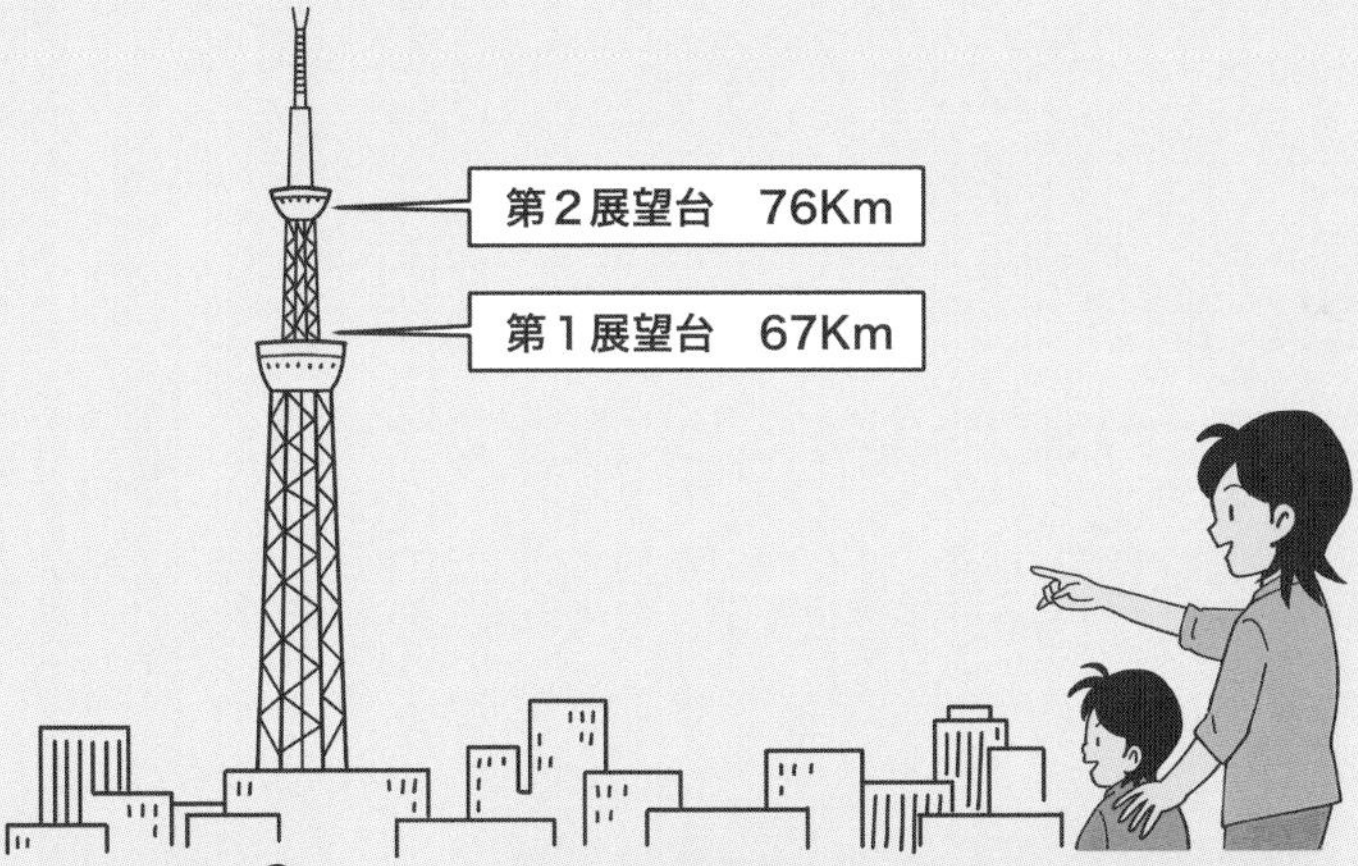
第2展望台　76Km
第1展望台　67Km

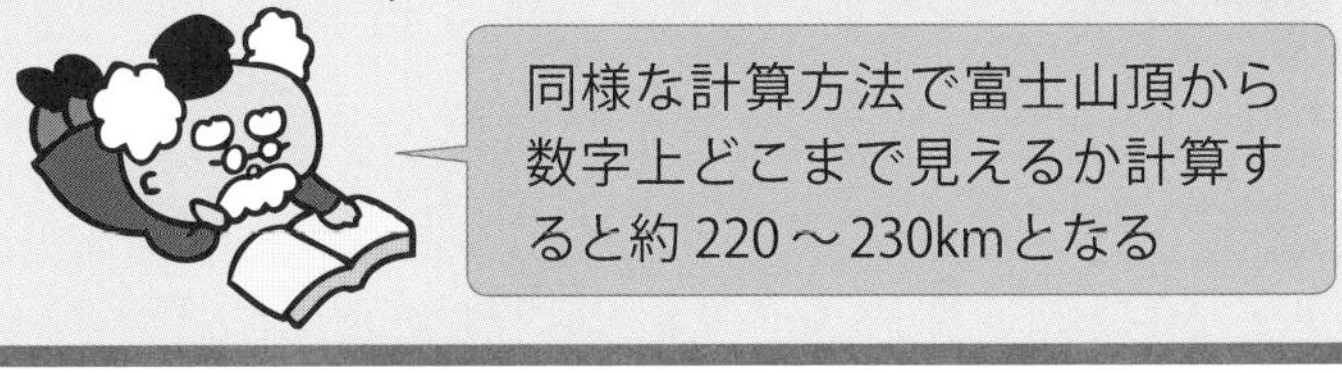
同様な計算方法で富士山頂から数字上どこまで見えるか計算すると約220～230kmとなる

高尾山の山頂（599m）からも富士山は見えます

多面体の定理を使って問題を解く

◆サッカーボールの頂点と辺の数はいくつ？

正五角形と正六角形からできているサッカーボールは、準正多面体のひとつで、正二十面体の頂点を切り落とすことでできています。頂点を切り落としたことで、五角形と六角形を組み合わせた多面体が、サッカーボールなのです。ではサッカーボールの辺と頂点の数がいくつなのか求めてみることにしましょう。

はじめに、Aの正二十面体の辺の数と頂点の数を求めてその後、Bの多面体の辺の数、頂点の数を求めます。

考え方は、

「Bの面の数＝(Aの面の数)＋(Aの頂点の数)」

「Bの辺の数＝(Aの辺の数)＋(A の頂点の数)×5」「Bの頂点の数＝(Aの頂点の数)×5」のようになります。

ちょっとひと休み

数学ひとくちメモ

マンホールが四角だと事故が多発！

道路を歩いているとマンホールを目にしますが必ず丸い形をしています。どうして丸い形をしているのでしょうか？　マンホールの歴史は古く、イタリアの古代ローマ時代から使われていました。もちろんその形は丸です。マンホールが丸い形をしてる最大の理由は、丸い穴からふたが下に落ちないからです。マンホールが丸形以外でしたら、ふたが下に落ちてしまいます。

オリンピックの「五輪」という用語は新聞記者が使い始めました

サッカーボールの辺と頂点の数とは?

オイラーの多面体の定理

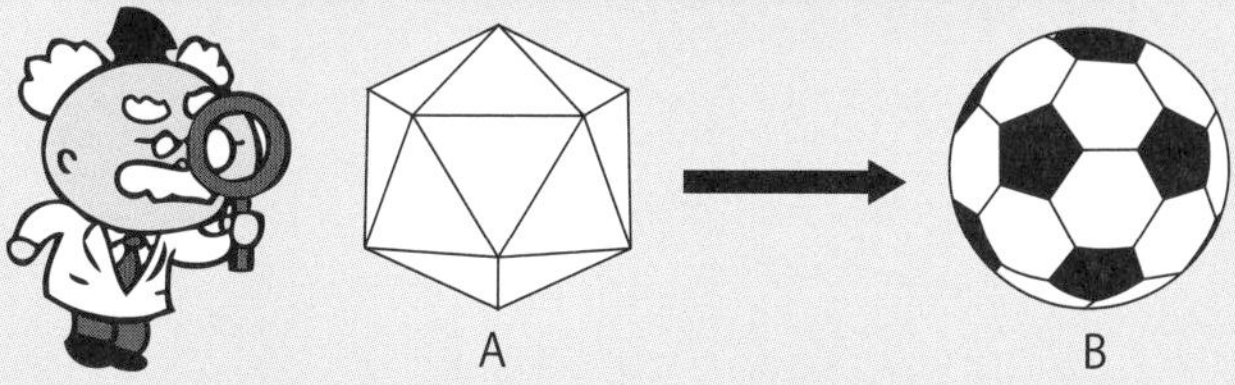

多面体の面の数をF、辺の数をE、頂点の数をVとする

$V-E+F=2$……オイラーの多面体の定理が成り立ちます

【問題】サッカーボールの面と辺と頂点の数を求めなさい

Aの正二十面体の辺の数……E
頂点の数……V
とする

- 各辺は2つの面と共有で、各面には3つの辺があることから　$20\times3=E\times2$　　$E=30$
- 各面にはそれぞれ3つの頂点があり、各頂点は5つの面の頂点であることから　$20\times3=V\times5$　$V=12$

Bは、Aの頂点の数だけ面が増えるので
$20+12=32$……………………………Bの面の数
Bの辺の数は、$30+12\times5=90$……Bの辺の数
（Aの頂点1つを切り落とすと辺の数は5増える）
Bの頂点の数＝$12\times5=60$…………Bの頂点の数
（Bの正五角形の数は、Aの頂点の数と等しい。また1つの正五角形には5つの頂点がある）
サッカーボールの面の数は32、辺の数は90、頂点の数は60となる

「九」という字には非常にたくさんという意味があります

円周角の定理を使って問題を解く

◆直線の交わった角度を求める

街の一角に、緑の繁った公園があります。近隣の住民はもちろんのこと、遠方からも車やバスを使って、人々がやってくることの多い人気の場所でもありました。

公園の中央には円形に近い池があり、池の周囲には、ちょうど池の周囲を10等分するように、木が植えられています。あるとき、この池に噴水をつくることになったのです。

噴水は中央から少しずらした位置につくることに決めました。木に番号をつけると、CとG、EとIを結んだ直線の交わった部分がよいということになりました。確かに、中央よりも変化に富んでいて、池の周囲の座る位置によって、違った趣きがあると、評判は上々でした。

では、CとG、EとIを結んだ直線の交わった角度はいったい何度なのでしょうか。

ちょっとひと休み

数学ひとくちメモ

トーナメント方式の総試合数

トーナメント方式では何試合で優勝者を決めることができるのでしょうか。A・B・C・Dの4チームのトーナメント戦では1回戦はA－B、C－Dの2試合、勝者同士の1試合で合計3試合で優勝者が決まります。つまり参加チームから1をひいた数が試合数となります。32チームが参加の大会でしたら31試合、76チームが参加の大会でしたら75試合です。

ハロンは競馬だけで使われている長さの単位です

実際には測れない角度を求める

円周角の定理の応用

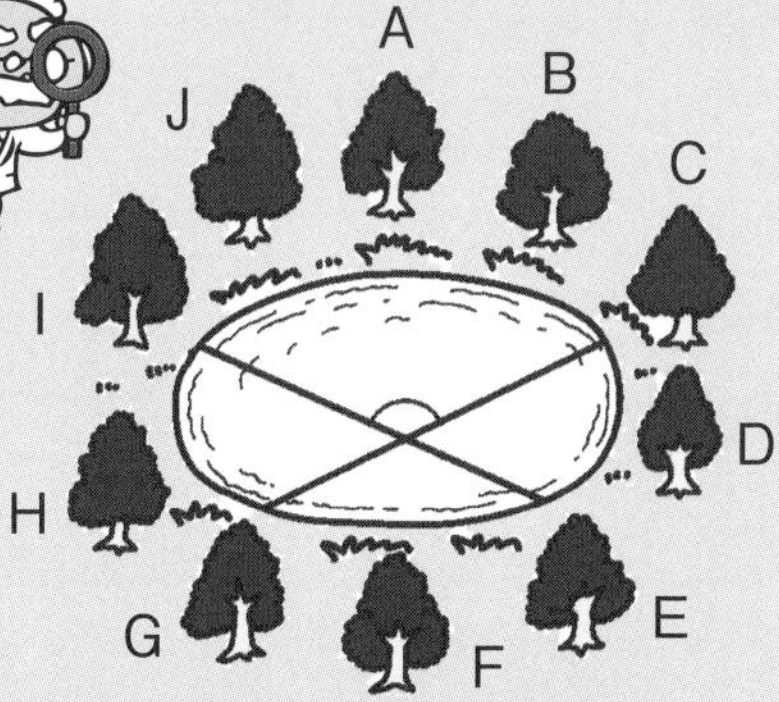

池の周囲には、10本の木が植えてあります CとG、EとIを結んだ直線の交わった部分の角度は何度ですか？

右図のように、円周に点 E、C、I、Gをとり、CG、EIの交点をOとして、IGを結ぶ。△IGOに着目し、円周角の定理を利用する。IとGの内角の大きさをa、bとすると、aは弧GEの円周角となる。またGEは円周全体の $\frac{2}{10}$ の長さということになり、$180° \times \frac{2}{10} = 36°$となる。同じようにbは弧ICの円周角で、円周全体の $\frac{4}{10}$ の長さとなり

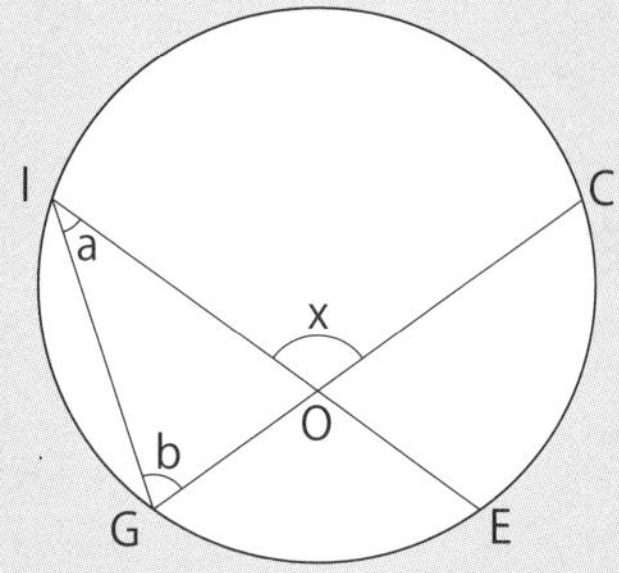

$180° \times \frac{4}{10} = 72°$となる

また三角形の内角の和は180°なので、2つの内角の和は、180°からもうひとつの内角となり、隣り合う外角と等しい。

△IGOにおいて

$a + b = x$となる。$x = 36° + 72° = 108°$

xは108°ということになる

得意なことを十八番というのは歌舞伎が由来です

独立試行の定理を使って確率の問題を解く①

◆3人以上男子が選ばれる確率は？

ある中学校では、毎日朝の巡回清掃をしています。

校長の「クリーンアンドクリーニングは非行の予防！」という考えによるものだそうです。清掃は各クラスから、毎日4人の生徒が選ばれ、交替で朝の巡回清掃に当たっています。

ある日、2年B組のクラスでは、男子6人女子4人の10人のうちから4人を選ぶことになりました。

月末なので、ダンボールや古雑誌なども集めなければならないので、男子の数が多いほうがよいということになりました。男子も女子も理由をつけては、担当をはずれようとして、なかなか決まりません。そこでくじ引きをして4人を選ぶことになりました。さて、男子が3人以上選ばれる確率は、どのくらいでしょうか。

ちょっとひと休み
数学ひとくちメモ

数字を3つずつ区切ったのは福沢諭吉！

数字を３桁ごとに区切るようになったのは明治時代からです。アラビア数字と一緒に西洋の文化が伝わると、福沢諭吉は西洋の帳簿を採用することに決定し、その結果、現在、千を1,000と表すような、数字を使うようになったのです。西洋の帳簿では数字を３桁ごとに「,」をつけて区切っていたので、それがそのまま日本でも採用されることになりました。

オリンピックのシンボルカラーは6色です！

男子が選ばれる確率はどれくらい？

独立試行の定理

- 男子の数が多いほうがいいということなので男子は3人以上となる
- 最初に、10人のうちから4人を選ぶ

$$ {}_{10}C_4 = \frac{10\times9\times8\times7}{4\times3\times2\times1} = 210 $$

4人を選ぶ方法は210通りある

- 次に男子が3人以上の場合を考える。

①男子が3人のとき→女子は1人

$ {}_6C_3 \times {}_4C_1 = 20\times4 = 80 $……80通り

②男子が4人のとき→女子は0人

$ {}_6C_4 = 15 $……15通り

①＋②　$80+15=95$……95通り

$$ \frac{95}{210} = \frac{19}{42} $$

男子が3人以上選ばれる確率は $\frac{19}{42}$ である

「0」は英語では「ゼロ」日本語では「れい」です

独立試行の定理を使って確率の問題を解く②

◆合格する計算上の確率は？

大学受験を控えた進君は、最後の志望校を決める絞り込みの時期に入っていました。進君はまず、何校受験したらよいのか、そしてどこの大学を選べばよいのか、そのことばかりが気がかりで、追い込みの時期だというのに、集中力を欠いた日々を過ごしていたのです。

第一志望校は、合格する確率が$\frac{2}{3}$くらいだったので、同じレベルの大学を、悩んだ末に、5校をなんとか絞り込むことができました。それでも進君は、まだ悩んでいました。本当にこれでよいのか、大丈夫なのか…。そこで合格率を計算してみようと考えたのです。計算で確率を出してみると、自分でも納得でき、勉強にも集中できると考えたのです。進君の合格する確率は計算上は果たしてどのくらいなのでしょうか？

ちょっとひと休み
数学ひとくちメモ

江戸時代のかけ算九九は三六！

江戸時代のかけ算九九は36通りでした。それは江戸時代の数学書『塵劫記』に書かれています。1×1、1×2…の1の段や、1×1、2×1、3×1…と1を掛けた段、それから2×3は3×2と同じ数値のため、1の段や1を掛けた段、それに大きな数×小さな数のかけ算を81から除くと36通りになります。江戸時代の教育のほうが効率がいいのでは？

ボクシングのリングはもともとは円形でした！

合格する確率はどの程度でしょうか？

独立試行の定理

進君は「A大学の合格率が $\frac{2}{3}$ としたならば、不合確率は $\frac{1}{3}$ となる。A、B、C、D、Eの5大学を受けて、1校だけでは心配なので、2校合格する確率を求めてみよう」と考えて、以下のような計算をしてみた

①A校、B校の2校に合格し、他は不合格になる確率を求める

Aに合格する確率は $\frac{2}{3}$
Bに合格する確率は $\frac{2}{3}$
つまり両方に合格する確率は $\left(\frac{2}{3}\right)^2$ となる

②C、D、Eの3校に不合格になる確率を求めると

Cに不合格になる確率は $\frac{1}{3}$
Dに不合格になる確率は $\frac{1}{3}$
Eに不合格になる確率は $\frac{1}{3}$
3校に不合格になる確率は $\left(\frac{1}{3}\right)^3$ となる

③ $\left(\frac{2}{3}\right)^2\times\left(\frac{1}{3}\right)^3$ となる

（2校に合格し、3校に不合格になる確率）

④5校のうちどれかの2校に合格すればよいので、選択の幅は $_5C_2$ で決めることができる。確率の定理から独立試行の定理を使って $\frac{40}{243}$ となった

$$_5C_2\cdot\left(\frac{2}{3}\right)^2\cdot\left(\frac{1}{3}\right)^3=10\times\frac{4}{9}\times\frac{1}{27}=\frac{40}{243}$$

イケメンを二枚目とよぶのは歌舞伎が語源です

アイザック・ニュートン

(1643年〜1727年)

普通の人は何とも思わない現象から発見された万有引力

ニュートンは不幸にして生まれつき病弱で大人になるまで育つことは奇跡といわれていたという記録があります。算数どころか、読むことや書くことなど、どれにも興味を示さず、まったく学問に対しては関心がない子どもでした。

幾何学に興味をもつのは18歳になったときで、22歳になると最先端の科学と取り組むようになります。数学に目覚めると、微分積分や重力概念へと、短い期間で到達してしまうという脳力を発揮し始めました。

やがて彼は「万有引力の法則」という革命的ともいえる業績をあげることになります。

歴史的な偉業を成し遂げた天才ニュートンは、大人になってからも数学や物理に取り組む以外のときは、よくぼーっとしたり奇異な

ニュートンの主な功績

万有引力の発見
運動の法則の発見
光学理論の発見
微分積分の発見

ニュートンが発見した微分積分は、私たちの生活が便利な世の中になる一助になっています

行動を取ることが多かったようです。

ゆで卵のかわりに時計をゆでてみたり、ズボンをはかずに外を歩いたり、食事を摂ることを忘れるのは、珍しいことではありませんでした。

ニュートンが大学生の頃、ロンドンにペストが大流行し、大学が休学となり故郷へ帰ることになりました。ニュートンは故郷でのんびりと暮らしているとき、りんごの木を眺めていたときのことです。「りんごの実はどうして落ちたのだろう」という普通の人なら何とも思わない現象に疑問をもち、引力の法則を見つけたといわれています。

ニュートンはひとつの疑問をもつと、何時間でも何日でも考え続ける性格だったといいます。**「万有引力の法則」**や**「運動の基本法則」**を発見したニュートンは、幼い頃には何歳まで生きられるか危惧されていたのにもかかわらず、84歳で生涯を閉じたといいますから、人の寿命とはわからないものです。

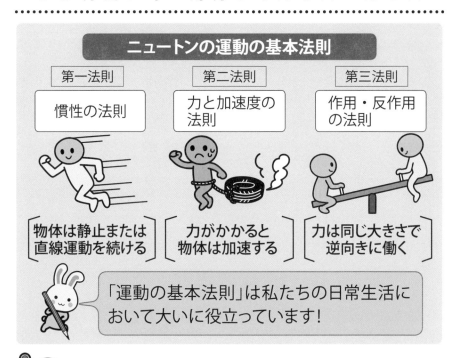

ニュートンの運動の基本法則

第一法則	第二法則	第三法則
慣性の法則	力と加速度の法則	作用・反作用の法則

物体は静止または直線運動を続ける	力がかかると物体は加速する	力は同じ大きさで逆向きに働く

「運動の基本法則」は私たちの日常生活において大いに役立っています！

ニュートンには議員時代もあり、発言したのは「議長、窓を閉めてください」のみでした

整数は美しく数学の女王とまでいわれている

簡潔にして美しい数≪素数≫とは、1よりも大きく、その数自身と1以外の約数をもたないもの2、3、5、7、11、13、17、19……など無限にあることが、ユークリッド（古代ギリシアの数学者）によって証明されています。

その素数のなかで、その差が2の素数の組を≪双子《ふたご》素数≫とよびます。

5と7、11と13、17と19、137と139など双子素数は無限にあると考えられますが、証明されてはいません。

また6＝1＋2＋3のように、自然数のその数を除いた約数を、すべて合計した数とその数が同じになるものを≪完全数≫といいます。

「完全さ」をあらわすものとして、古代ギリシア数学で重要視されました。偶数の完全数については、オイラーが証明しましたが、奇数の完全数については存在するかどうか、わかっていません。

6のほかには28＝1＋2＋4＋7＋14、496＝1＋2＋4＋8＋16＋31＋62＋124＋248、8128＝1＋2＋4＋8＋16＋32＋64＋127＋254＋508＋1016＋

数学って実は
不思議な力を
秘めている
学問なのです！

2032＋4064となります。ここまではギリシア時代に、すでに発見されていましたが、5番目の発見までには1700年もかかっています。完全数は現在までに、50個見つかっていると言われています。

220の自分自身を除いた約数は1、2、4、5、10、11、20、22、44、55、110で和は284となります。

一方、284の自分自身を除いた約数は1、2、4、71、142で和は220となります。

「友愛数」とは、異なる2つの自然数の組で、自分自身を除いた約数の和が互いに他方と等しくなるような数をいいます。

220と284が友愛数であることは、古代ギリシア時代に発見されています。

その次の友愛数は17296と18416で、フェルマーによって発見されました。

数字のピラミッド

美しくて、不思議です！

$$11 = 6^2 - 5^2$$
$$111 = 56^2 - 55^2$$
$$1111 = 556^2 - 555^2$$
$$11111 = 5556^2 - 5555^2$$

$$0 \times 9 + 1 = 1$$
$$1 \times 9 + 2 = 11$$
$$12 \times 9 + 3 = 111$$
$$123 \times 9 + 4 = 1111$$
$$1234 \times 9 + 5 = 11111$$
$$12345 \times 9 + 6 = 111111$$
$$123456 \times 9 + 7 = 1111111$$
$$1234567 \times 9 + 8 = 11111111$$
$$12345678 \times 9 + 9 = 111111111$$

Column 4

ノーベル数学賞がないのは恋敵に賞をあげたくないから？

ノーベル賞とは1901年、ダイナマイトの発明者、アルフレッド・ノーベルによって設立された賞であるのは有名です。

ノーベル賞には物理学賞、化学賞、生理学賞・医学賞、文学賞、平和賞の5つの部門があります（経済学賞は別枠）。物理や化学があるのですから、ノーベル数学賞もあってもよさそうです。どうしてノーベル数学賞がないのでしょうか。ノーベルの恋人を奪った人物にスウェーデンの数学者であるレフラーという人がいました。レフラーは数学者として非常に優れており、ノーベル数学賞を設立したら、レフラーは間違いなく受賞するに値する人物でした。そんな恋敵に賞を与えたくないという思いから、ノーベルは数学賞を設立しなかったという説があります。

第4章

思わず人に話したくなる数学の定理

定義と命題にはどんな意味があるのか？

◆数学を論理的に考える出発点

数学を始めるときに、概念の意味や手続きを、はっきりと決めておかなければなりません。数学の目指すところのひとつに、普遍性が要求されるからです。

あるところで証明された定理は、地球の裏側はもちろん、ほかの星でも成り立たなければならないからです。

そのためには、前提となる対象を正しく決めておく必要があります。その概念を決めることが「定義」です。

「命題」は正しいか正しくないかが定まる文や式のことです。公理や定義によって証明された命題を定理といいます。特に重要なものは○○の定理として使います（例・ピタゴラスの定理）。

様々な角度から「数学の定理」についてここまで解説してきましたが、あまり重要ではないことについても、ときには定理とよぶことがあります。

「定理」は「公理」や「定義」をもとにして説明したり証明するので、数学を論理的に考える出発点であるともいえるでしょう。

定義とは正しいとか間違いとかいえない決まりのものです

定義とは言葉や概念の意味を説明することです

命題と公理はどう違うのか

数学

↓

定義は出発点

〈ある概念の内容・意味を定めること〉

数学の定義を最初におこなったのはユークリッド。『原論』の最初に、23の定義を掲げた

命　題

数学的言明や文章のこと
①2＜5
②5＜2
③P＋3が素数であるような
　素数Pは無限個存在する
①を真の 命題 という
②を偽の 命題 という
③は真偽不明な 命題 という

公　理

ユークリッドの『原論』では

↓

出発点となる明らかと
思われる事実を 公理 、
とよんだ

↓

非ユークリッド幾何学の
発見により、 公理 は
「自明な真理」から、
数学の理論の基本的
前提と認識された

↓

現代数学では、様々な
定理 を演繹《えんえき》していくため
の出発点となる性質を
公理 とよぶ

定義によって証明された命題が定理です

フィールズ賞は数学者の最高峰の称号

◆ノーベル賞以上に受賞は難しい？

ノーベル賞に数学賞はありません。そのかわりに、数学のノーベル賞といわれるフィールズ賞があります。

１９２４年、カナダのトロントで開かれた国際数学者会議の際に「会議の開催される4年ごとに、業績となるような数学的価値のある研究者二人に対して、金メダルの授与をおこなう」という決議がなされました。

フィールズ賞の名前となったフィールズ氏とは、トロント会議の書記を務めた人物で、彼の寄付した基金がもととなっているのです。フィールズ賞にはノーベル賞よりも厳しい制限があります。それは受賞の条件が、受賞時に40歳以下でなければならないというものです。4年に一回という制限も含めると、フィールズ賞の厳しさは、ノーベル賞以上のものかもしれません。

これまでの受賞者のうち、**日本人は三人ですが、主宰者側の発表によると、日本人は一人となっています。その理由は、受賞は国籍ではなく、受賞時の所属機関を指すからです。**

フィールズ賞の受賞は数学者にとって大変名誉なことです！

ノーベル賞の賞金は約１億円です

数学界の最高峰の称号・フィールズ賞

フィールズ賞

フィールズ賞とは

4年に一回授与
される賞

受賞時に40歳未満
であること

**この条件をみたした数学上に傑出した
業績を挙げた数学者に贈られる**

日本人受賞者

1954年　小平邦彦　（1915年～1997年）元東京大学教授
1970年　広中平祐　（1931年～）元京都大学教授
1990年　森　重文　（1951年～）京都大学数理解析研究所元所長

数学に関する賞では最高の権威を有する。若い数学者の優れた業績を顕彰し、その後の研究を励ますことが目的。「４年に一度」「40歳以下」「２名以上４名以下」という制限がある。「フェルマーの最終定理」の証明に成功したアンドリュー・ワイルズは証明当時すでに42歳になっていたものの、その業績の重要性から1998年に45歳で「特別賞」を与えられた例がある。

比較項目	ノーベル賞	フィールズ賞
第１回	1901年	1936年
期　間	毎　年	4年に1度
年齢制限	なし	40歳以下
賞金額	約1億円	約200万円

フィールズ賞の賞金は約200万円です

ピタゴラスの定理とフェルマーの最終定理

◆内容的には大きな違いがある式

定理といえば、誰でもが知っているのは「ピタゴラスの定理」（三平方の定理ともいう）ではないでしょうか。中学校の数学で習っているはずです。∠Cが直角である直角三角形ABCにおいて、直角をはさむ2辺の長さをa、bとし斜辺の長さをcとしたときに、この関係は$a^n+b^n=c^n$（n＝2）であらわされるというものです。

次に、この定理を発展させたものを見てみましょう。

$X^n+Y^n=Z^n$（n≧3）「nを3以上の自然数としたときに、この式をみたす自然数X、Y、Zは存在しない」というものです。この式を「フェルマーの最終定理」とよびます。式だけを見ると、ほとんどピタゴラスの定理と違いがないように見えます。

数学の問題は、その問題の意味を理解するために、高度な知識を必要とすることがありますが、このフェルマーの予想は、難しい知識をもたなくても問題の意味を理解することができ、むしろやさしいといってもよいところに特徴があります。

フェルマーは、n＝4の場合については証明したのですが、一般の数nについての証明を発表することはありませんでした。

証明までに約360年かかったフェルマーの最終定理

ピタゴラスの定理とフェルマーの最終定理

ピタゴラスの定理

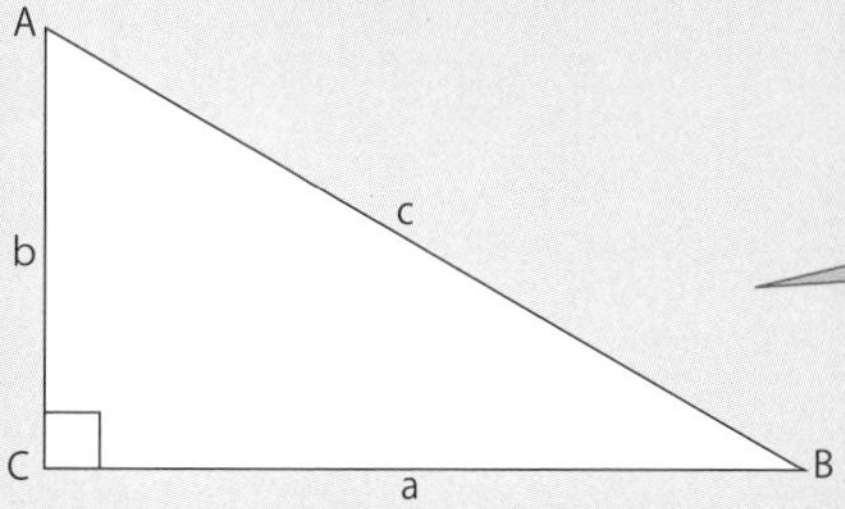

∠Cが直角である直角三角形ABCにおいて、直角をはさむ2辺の長さをa, bとし斜辺の長さをcとしたときにこの関係は
$a^2+b^2=c^2$
であらわされる

フェルマーの最終定理

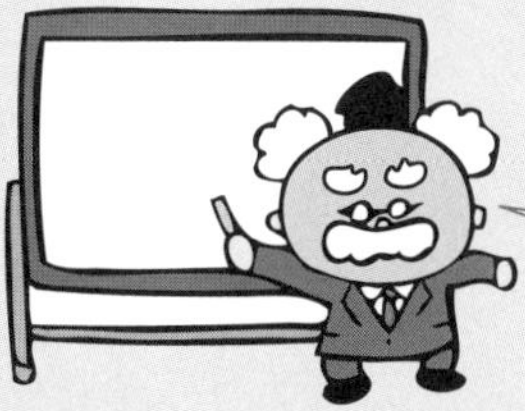

ピタゴラスの定理を発展させ、一般化した

$X^n+Y^n=Z^n$ $(n \geqq 3)$

「nを3以上の自然数としたときに、上の式をみたす、自然数X, Y, Zは存在しない」というもの

フェルマーは数学の本の欄外に、「私はこの定理について、驚くべき証明を発見することができたのだが、それについて述べるのには、この余白はあまりにもせますぎる」と書き残していた

約360余年後（1995年）に「フェルマーの最終定理」を解いた英国のワイルズは、わずか10歳のときに図書館で最初にこの問題と出合ったという

ピタゴラスの定理は三平方の定理ともよびます

蜂の巣が六角形である理由

◆蜂蜜を蓄えるために適した形

自然界のなかにある正多角形といえば蜂の巣ですが、**平面上を同じ正多角形で埋めている図形は、正三角形、正方形、正六角形の3種類です。しかもこれ以外にはありません。**

身の回りにあるモザイク模様を探してみると、一見正多角形のように見えても、実は多角形の組み合わせであったりします。

タイル張りをすることのできる、正多角形が3種類しかないことは、証明されているのです。

タイル張りが可能な条件として、正多角形何枚かを1点に並べて360度にならなければいけません。こうしたことをみたす正多角形は、正三角形、正方形、正六角形だけなのです。

三角形、四角形を自然界のなかに探すのは難しいことです。円形は、太陽、月などがありますが、では蜂の巣がなぜ円ではなく、六角形をしているのでしょうか。ギリシア時代に数学者のパッポスは、「第一に巣には外から侵入するものがあってはならないので、多角形でいうと三角形と正方形か正六角形でなければならない。そのなかでも正六角形は、面積が大きいので、蜂が蜜を蓄えるのに適している」と考えました。

蜂は無駄のない蜂蜜の保存方法を知っていました！

蜂の巣は六角形だと蜜を効率よく貯蔵できます

蜂の巣が六角形である理由

もしも蜂の巣が円だとしたら隙間ができる

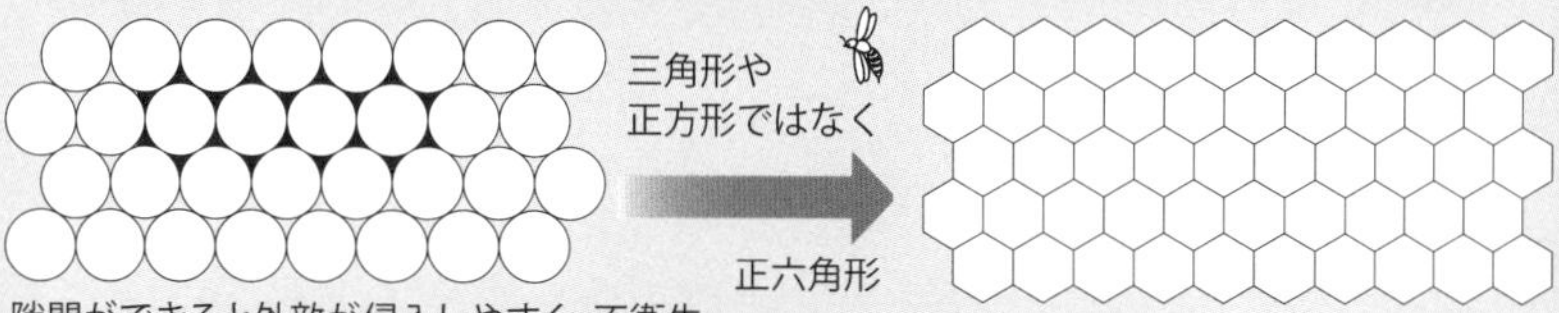

隙間ができると外敵が侵入しやすく、不衛生

モザイク模様は3種類

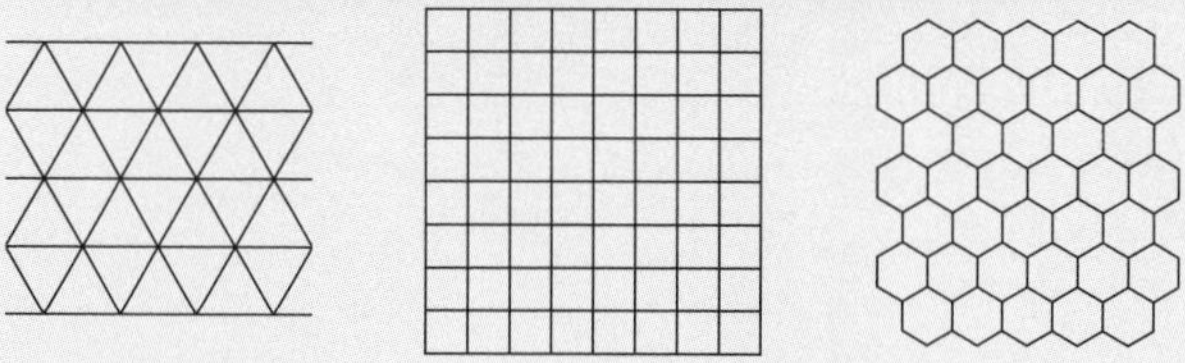

正三角形　　正方形　　正六角形

正三角形、正方形、正六角形の3種類しかない証明

①三角形の内角の和は180°

②一点に集まる三角形に分割したn角形は(n−2)

③n角形の内角の和は
$(n-2)\times180°$

④正n角形のひとつの内角は
$\frac{n-2}{n}\times180°$
となる。次に正n角形のタイルがA個、隙間なく集まったと考える

⑤ $\frac{A\times(n-2)}{n}\times180°=360°$

この式を計算すると

$A(n-2)=2n$
$An-2A-2n=0$
$An-2A-2n+4=4$
$(A-2)(n-2)=4$

（n≧3、三角形より少ない多角形はないため）

⑥⑤の式に整数を入れてみる
$1\times4=4$、$2\times2=4$、$4\times1=4$
から、1、2、4しかないことがわかる
そこからn−2＝1、2、4となり
n＝3、4、6が証明できる

蜂の巣の形をハニカム構造ともいいます

テトラパックは正四面体ではありません

◆街中で見かける物の名称とその由来

最近は、あまり見かけなくなりましたが、四面体の紙容器に牛乳が入ったものをテトラパックといいます。テトラはギリシヤ語で「4」を表し、テトラパックという名称はそれがもとになっています。**このパックをのりづけした部分を開き、展開図にしてみると、【図】のようになります。1枚の長い台紙に、三角形の型紙を連続していくことで、際限なく大量にテトラパックを製造することができるのです。**

型紙にも無駄が少ないことに加え、容器としてできあがったものも、隙間なく積み重ねることができるので、運ぶにも便利です。無駄がなく、コンパクトで効率のよい容器といえるでしょう。テトラパックの形状は正四面体と思い込んでいる人もいますが、実際は【図】の展開図からわかるように三角錐です（正四面体はどの面も正三角形の三角錐）。

スウェーデンのルーベン・ラウジング博士が設立したテトラパック社によって開発されたテトラパックは、ビンよりも経済性が高く、衛生的に持ち運びに便利なところから、第二次世界大戦中に普及することになりました。

日本でテトラパックが初めて紹介されたのは1956（昭和31）年頃のことでした。とくに学校給食の牛乳パックに利用されました。

テトラパックは運搬に便利な形状をしています！

海岸にある消波ブロックをその形状からテトラポットといいます

テトラパックを展開してみると…

テトラパックの展開図

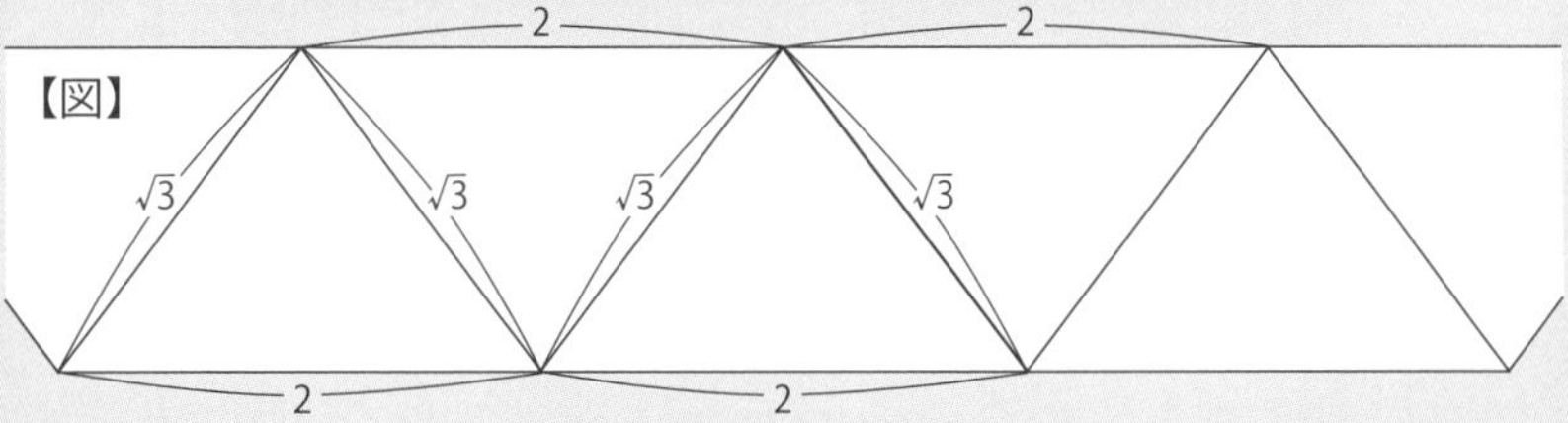

1枚の長方形の厚紙から型紙ができる

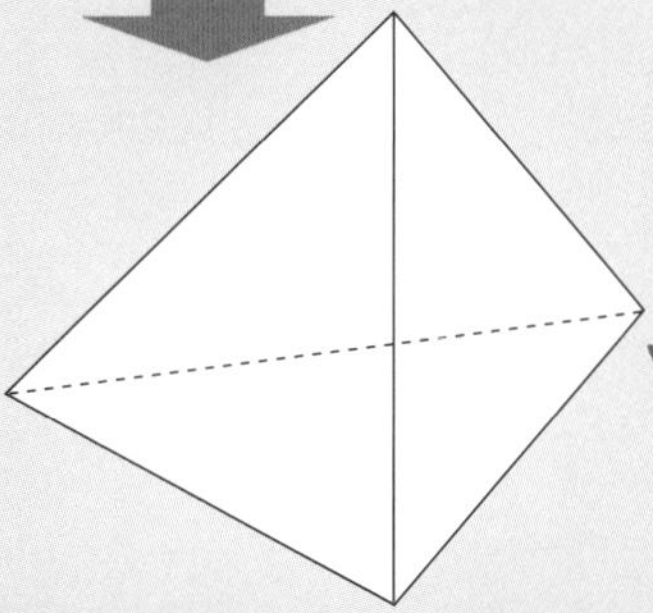

できあがったテトラパックを順に重ねていくと空間を隙間なく埋め尽くすことができます

多角形の呼び方

三角形＝トリゴン（トライアングルとも）
四角形＝テトラゴン（平方形はスクエアとも）
五角形＝ペンタゴン
六角形＝ヘキサゴン
七角形＝ヘプタゴン
八角形＝オクタゴン
九角形＝ノナゴン
十角形＝デカゴン

多角形のことは「ポリゴン」とよびます

不思議な性質をもつシエラザード数

◆まるで手品のような数

シエラザード数は、物語「千夜一夜物語」に登場するシエラザードの名前に由来しています。

昔、アラビアの国にシャフリヤールという王がいました。この王は妻に不貞されたことが原因で、女性を信じられなくなりました。そればかりか、憎しみの心が大きくなり、毎日新しい妻を迎えては、翌日には殺してしまうようになり、国中の人々から恐れられてしまう存在になってしまいます。

この王と国のことを心配した、大臣の娘シエラザードは、自ら王妃となって王につかえることにしました。シエラザードは夜になるとシャフリヤール王のために面白い話をしました。朝起きても、王はシエラザードの夜の話の続きが聞きたいがため、彼女を殺すようなことはしませんでした。一日、二日と日を重ね、いつしか千一夜が過ぎたのです。王は心の憎しみが溶け、シエラザードを生涯の妻としました。

この話にまつわる面白い数がシエラザードの数とよばれるものです。**シエラザード数とは、任意の3桁の数を2回続けた6桁の数（3桁の数が120でしたら120120）を1001で割ると、元の数に戻るという法則があります。**

数学の世界には
面白い性質を
もった数が結構
あります！

シエラザード数のシエラザードは人名です

シエラザードの数は不思議な数です

どうして1001でわると元の数になるのか？

$$583583 = 583000 + 583$$
$$= 583 \times 1000 + 583$$

583という因数でくくると
583×(1000＋1)となる

つまり583×(1000＋1)÷1001＝583

シエラザードの数

たとえば相手が好きな数を583と言ったとします。
583583と繰り返し、6桁の数にします。
これを1001で割ります。

```
            583
1001 ) 583583
       5005
       ------
        8308
        8008
       ------
         3003
         3003
       ------
            0
```

答え　583

初めの数と同じ答えになります

数学アレルギーの人でも理解できるシエラザード数

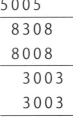

身近なところにある不動点とは？

◆自然科学や社会科学の世界で応用

不動点とは動かない点のことをいいます。たとえば円の内から外へ、また外から内へ移動する際に、必ず通過する境界地点、また虚数と実数の境となる0の地点を不動点とよびます。

コーヒーカップに入ったコーヒーをかき回すと渦ができますが、これも渦の中に不動点ができていることを示しています。

こうした不動点が存在するための十分条件を与える定理を不動点定理といいます。

ことばで表すと次のようになります。

空間xからそれ自身への写像fが与えられたとき、f（x）＝xをみたすxをfの不動点といいます。

一般的にこの定理はブラウアーの不動点定理とよばれ、自然科学や社会科学の世界に応用されているのです。不動点はある操作によって変化しない点です。社会分野では、人口変動や物価の変動といった分野で応用されています。

不動点の定理にはブローエルの不動点定理や角谷の不動点定理のほかにも、バナッハの不動点定理（縮小写像の定理）などがあります。

不動点は日常生活の様々なところに存在しています

自然現象を対象とする学問の総称を自然科学といいます

「動かない点＝不動点」とはどんな点？

不動点　動かない点

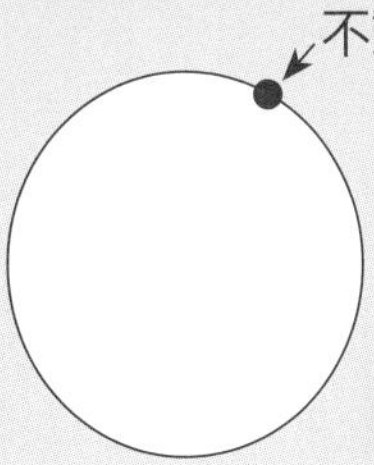

コーヒーをかき回すと
渦ができます
渦の中心＝不動点

空間xからそれ自身への写像fが与えられたとき、f（x）＝xをみたすxをfの不動点といいます。不動点が存在するための充分条件を与える定理を「不動点定理」といいます

図形が2枚重なり合うには？

対辺の交点を結ぶことで不動点がわかります！

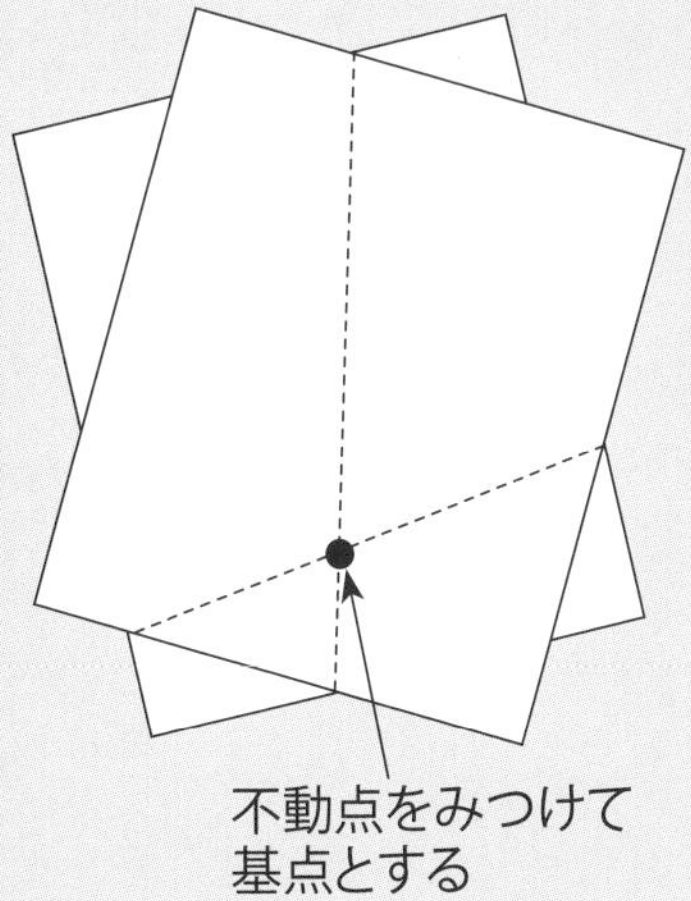

平行移動と回転移動を必要としますが、不動点をみつけることができれば、回転移動のみで2枚を重ねることができます

人間の行動を科学的、体系的に研究する学問を社会科学といいます

アルキメデスの「取りつくし法」

◆正確な円周率に近づける

積分の考え方の基本は、農地の面積を正確に計測して、できるだけ公平に分配することでした。**古代エジプト人は、広い土地を三角形や四角形に分割して計算し、最後にすべてを合計して、複雑な形をした土地の面積を求めていたのでした。この方法を取りつくし法といいます。**

同じ時代、円は神がつくった完全な形として、神秘性が語られ、美しさが称えられていました。半径の長さは違っていても、円はいつも同じ形をしているのです。

円の直径と周囲の長さの比は、円の大小にかかわりなく、どれも同じです。そしてこの比が、πであらわされる円周率なのです。

取りつくし法を用いて、πの計算に取り組んだのがアルキメデスでした。円に内接、外接する正多角形から、円の面積を求める計算を試みたのです。六角形から始め、辺の数を増やし、正十二角形、正二十四角形、正九十六角形までの計算をしたのです。

その結果、$3\frac{10}{71} < \pi < 3\frac{1}{7}$という不等式を得ました。この分数を小数に直してみると $3.1408\cdots\cdots < \pi < 3.1428\cdots\cdots$ となります。アルキメデスは、この取りつくし法でπの値を3.14まで正しく求めていたことになります。

円周率の姿に
大きく近づいた
アルキメデスの
取りつくし法

アルキメデスは円の面積にも言及しました

アルキメデスの「取りつくし法」とは?

取りつくし法の考え方

内接する多角形から考える

（半径１の円）

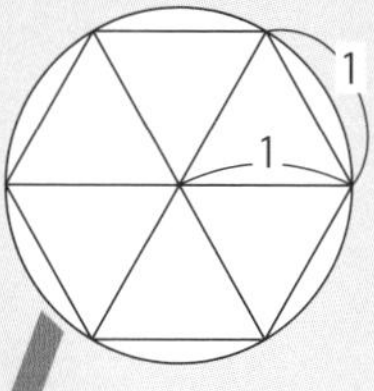

外接する多角形から考える

（半径１の円）

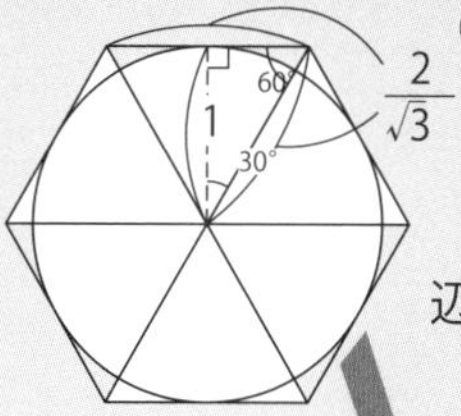

辺を増やす

内接する正六角形
＜周の長さ＞
1 × 6

外接する正六角形
＜周の長さ＞
$\frac{2}{\sqrt{3}} \times 6$

内接	外接
正十二角形	正十二角形
正二十四角形	正二十四角形
正四十八角形	正四十八角形
正九十六角形	正九十六角形

$$\frac{223}{71} < \pi < \frac{22}{7}$$

$\frac{223}{71} < \pi < \frac{22}{7}$ を小数に直すと、

3.1408……＜π＜3.1428……

πの値を約3.14としていた

アルキメデスは古代ギリシヤの数学者の一人です

代数の研究とディオファントス

◆墓石に刻まれた謎とき

ギリシア数学といえば「幾何学」ですが、ディオファントスは「代数」の研究をしていた、当時では珍しい人物です。

彼の著書『数論』には代数学のことが述べられています。この『数論』、実はあることでとても有名なのですが、ご存知ですか?

かの**フェルマーの最終定理とよばれて長く数学者を悩ませた、フェルマーが「証明をするのに、この余白はせますぎる」と記した本こそが、『数論』だったのです。**

また代数学としての功績よりも、彼の名をより世に知らしめているのが、彼の墓石に刻まれた「謎とき」かもしれません。墓石に刻まれているのは、以下のようです。

「ディオファントスは、その一生の$\frac{1}{6}$を少年として、$\frac{1}{12}$を青年として、その後一生の$\frac{1}{7}$を独身で過ごしました。結婚をすると、5年後に子どもが生まれその子は彼よりも4年早く、彼の寿命の$\frac{1}{2}$でこの世を去りました」

さあ、彼は何歳まで生き続けたのでしょうか? 解いてみてください。

自分の墓石にまで代数の謎解きを残したディオファントス

ディオファントスは「代数の父」とよばれています

代数の研究をし続けたディオファントス

ディオファントスは何歳まで生きたのか？

全体を1として、図にしてみると、下のようになる

少年時代	青年時代	独身時代	結婚後	ディオファントスの子どもが生きていた	
$\frac{1}{6}$	$\frac{1}{12}$	$\frac{1}{7}$	5年	$\frac{1}{2}$	4年

（結婚後〜最後：$\frac{17}{28}$）

少年時代 $\frac{1}{6}$
青年時代 $\frac{1}{12}$
独身時代 $\frac{1}{7}$

$$\frac{1}{6}+\frac{1}{12}+\frac{1}{7}=\frac{2}{12}+\frac{1}{12}+\frac{1}{7}=\frac{3}{12}+\frac{1}{7}$$

$$=\frac{1}{4}+\frac{1}{7}=\frac{7}{28}+\frac{4}{28}=\frac{11}{28}$$ （結婚するまで）

結婚後の人生 $\left(\frac{28}{28}-\frac{11}{28}=\frac{17}{28}\right)$ で $\frac{17}{28}$ となる

図をみると、4年＋5年の部分は $\frac{17}{28}-\frac{1}{2}$ となる

$\frac{17}{28}-\frac{1}{2}=\frac{3}{28}$　この $\frac{3}{28}$ は全体を1としたら

9年分にあたることが図でわかる。

$\frac{3}{28}$ が9年なので、$9\div\frac{3}{28}=84$　84歳となる

ディオファントス エジプトのアレクサンドリアに住んでいたということ以外は、彼の人物についての詳細は不明。ディオファントスの著した13巻に及ぶ『数論』(“Arithmetica”) が有名である。同書が翻訳された16世紀以降のヨーロッパにおける代数学発展に深く影響した。現存している同書のアラビア語版は6巻分のみである。また、多角数についての著書もある。

ディオファントスは最古の代数学書『アリスメティカ』を著す

「メビウスの帯」ってどんな帯のこと？

◆表も裏もない不思議な帯

紙があります。紙には表と裏があり、表と裏のどちらかだけの紙というのは存在しません。紙を丸めてみても、表面と裏面はできてしまいます。

ところが「メビウスの帯」は、裏のない表だけの紙なのです。表のない裏だけともいえるので、どちらか片面だけの紙といったらよいでしょうか。

19世紀に、ドイツの数学者であるメビウスが考えた、表（裏）だけの紙の帯、それが「メビウスの帯」なのです。

一枚の長い紙（テープのようなもの）を、途中一回ひねって、端と端を貼り合わせます。

一回ひねることで、裏と表がなくなって、紙のすべての面が表としてつながりを見せるのです。色を塗ってみると、よくわかるのですが、表からある色で塗っていくと裏へ出てまたもとへ戻るところから、表と裏の塗り分けができません。

19世紀以降、数学の幅は大きく広がりました。計算だけでなく、このような発見がいろいろとなされたのです。

メビウスの帯の原理は、今では見かけなくなった二倍の収録ができるビデオテープなどに使われていました。

メビウスの帯は
その形状から
多くの場面で
応用されています

メビウスの帯は表面を普通の帯の2倍利用できます

不思議な性質をもつ「メビウスの帯」

メビウスの帯

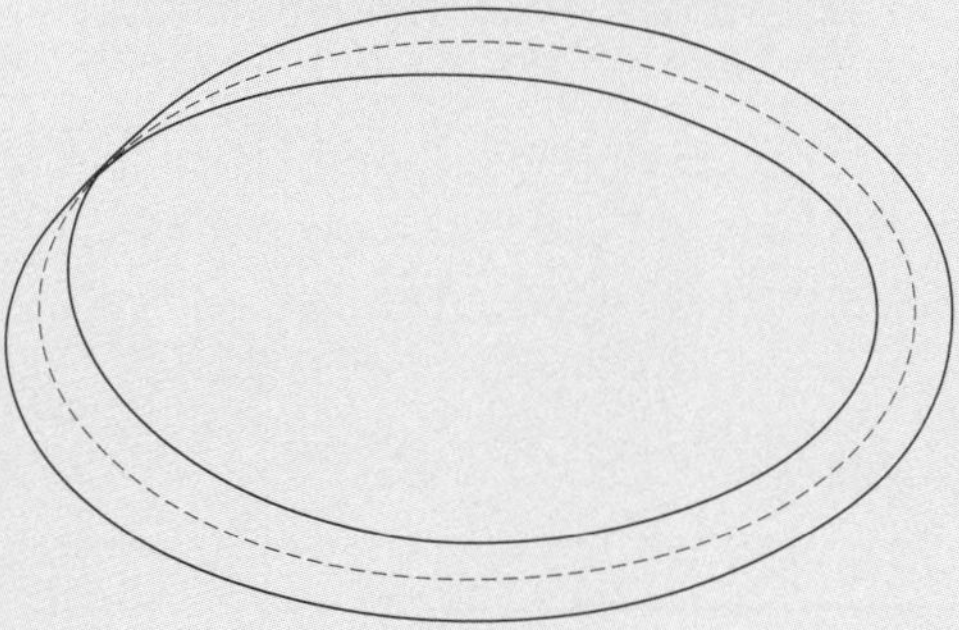

裏も表もない、1本の線になる
同じ長さで裏、表の両面が使えるので、2倍になる
(ビデオテープなど)

メビウスの帯の発見などが
トポロジーへと発展する

トポロジーとは「質の幾何学」といわれ
そのもののつながりの状態を
調べる幾何学のこと

メビウスの帯の発見 メビウスの帯の名前は1790年生まれのドイツの数学者アウグスト・フェルディナント・メビウスの名に由来。彼は多面体の幾何学に関するパリ、アカデミーの懸賞問題に取り組む過程でメビウスの帯の概念に到達し、1865年に「多面体の体積の決定について」という論文の中で発表した。実際にメビウスの帯を発見したのは1858年のこととされ、未発表のノートにメビウスの帯のことが書かれている。

メビウスの帯はカセットのエンドレステープに応用されていました

日常生活に影響を与えた数学者⑤

カール・フリードリヒ・ガウス

(1777年〜1855年)

新しい数学の分野を開拓した19世紀最大の数学者の一人

数学者に天才がいるのは希ではありませんが、生まれながらにして計算の才能を備えていたのはガウスです。石切り職人だった父親が、職人たちに給料を支払うのを見ていた3歳のガウスは、支払いの計算違いを指摘したといいます。

10歳のとき、学校で子どもたちを自習させるために出した問題、「1から100までの数をすべて足したらいくつになるか計算しましょう」と出したところ、ガウスは数秒間で解いてしまい、あまりにも早い解答に先生からは何か不正を働いたのではと疑問をもたれるほどでした。他の生徒たちが1+2=3、3+3=6、6+4=10……と計算している中、ガウスは131ページの【図】のような手法で問題を解いてしまったのです。

▲10ドイツマルク紙幣

紙幣には正規分布の密度関数が描かれています

ガウスの研究は広範囲に及び、近代数学の分野のみならず、物理学にも大きな影響を与えました

ガウスは保守的な人物で君主制を支持し、フランス革命のときにはナポレオンと対立した

19歳になったガウスは、**正十七角形の作図を定規とコンパスだけでする方法を見つけ、これを機会に数学への道を歩み始めました。**以来ガウスは、数学上の発見を、日記にこと細かに記しています。ガウスは自分自身が発見した法則などは、完璧なものにしてから発表したいという考えから、彼が存命中に発表されたものはほとんどありませんでした。死後40年以上を経て発見された日記には、彼の様々な数学にまつわる法則が書かれていましたが、その研究の結果だけしか残されていなかったために、解き明かすことが困難でした。当時の数学のレベルより、100年以上も先をいく内容であったというのですから、ガウスの天才ぶりがうかがえます。

　ガウスの功績を称え1989年から2001年まで、ドイツでは彼の肖像画が10ドイツマルク紙幣にガウス分布や式とともに印刷されています。

【図】

1〜100までの総和を簡単に求めた方法

1　2　3　4　……………　97　98　99　100

4 ＋ 97 ＝ 101

3 ＋ 98 ＝ 101

2 ＋ 99 ＝ 101

1 ＋ 100 ＝ 101

1〜100までたすと101になる組み合わせが50組存在することに気づいたガウスは、101×50＝5050で、あっという間に1〜100の総和の答えを導き出しました

ガウス生誕地ドイツ・ブラウンシュヴァイクに建てられた記念碑には正十七角形が刻まれています

人に教えたくなる数学の話 4

「計算記号」はいったいいつ誕生したのでしょうか

ふだん、なにげなく使っている計算記号ですが、この記号が発明される以前は、すべて言葉であらわすように書いていたのですから大変です。

ではいつ頃、いったい誰によって考えられたのでしょうか。

すべての学問のなかで、もっとも古い4000年の歴史をもつ数学ですが、実は計算記号の歴史は15世紀～17世紀から使われ始めたので、わずか500年前後でしかないのです。

しかもこの時期に集中して計算記号が発明されたのには、その理由があるのです。ヨーロッパでは、15世紀頃から大航海時代を迎えました。

1492年には、コロンブスにより、アメリカ大陸が発見されます。

1498年には東インド航路を、バスコ・ダ・ガマが発見し、新大陸の発見やアジアとの交易も盛んになります。貿易が盛んになることで、長い航海中の安全が望まれ、そこから天文学が発達しました。

天文学は星や月の位置を正確に把握することが重要ですから、複雑な計算が要

なにげなく使っている計算記号がない世界は想像できません！

求されました。

そこで計算を専門とする計算師が出現したのです。計算師は、計算を可能な限り正確にそして迅速《じんそく》に処理するために、記号を使うようになったのです。

大航海時代が、人間に様々な恩恵を与えたことは、広く知られていますが、こんなところにも大きな発見があったことは、あまり知られてはいないようです。

もしも計算記号がなかったら、いったいどんなことになっていたのでしょうか?

「1+1=2」をひとつとっても「1に1を加えた数は2である」といわなければならないのです。**数学はことばで伝えるよりも、記号を使った数式を使うととても便利です。**このおかげで、科学技術が発展し豊かな成熟社会になったともいえるでしょう。

【計算記号の発見】

+、−	1480年頃	すでにあった
√	1489年頃	ドイツ人
( )	1556年頃	イタリア人
=	1560年頃	イギリス人
×	1630年頃	イギリス人
÷	1660年頃	ドイツ人
π	1705年頃	イギリス人など、です。

どんな記号が入るか、考えてみましょう。

(1) 18 ( ) 5=30 ( ) 7
(2) 7 ( ) 2=10 ( ) 4
(3) 42 ( ) 7= 2 ( ) 3

答え
(1) + − (2) × + (3) ÷ ×

Column 5

一人で旅をすることを「ひとり旅」とは言いません！

「旅」という漢字には集団行動という意味が含まれています。

ですから「ひとり旅」とは「ひとり＋集団」という意味になってしまい、矛盾していることばとなってしまいます。

つまり「ひとり旅」とは一人で旅をすることではないのです。

中国の有名な詩人である杜甫や李白の詩を読むと、少人数で移動しているように感じますが、旅をするときには米を炊く人、米を運ぶ人、衣服を運ぶ人などなど、40〜50人程度の使用人を一緒に連れて移動していたのです。

まさに「旅」という漢字のもつ意味のとおりの行動をしていたのです。

第5章

論理力が身につく数学の話

かけ算とわり算で論理力を養う

◆かけ算とわり算の不思議な関係

かけ算やわり算なんて8×3、24÷3といった計算ができるだけで大丈夫。そんな易しい算数で論理力が養えるの？　と多くの大人はそう思うのではないでしょうか。**実はかけ算とわり算には不思議な関係があるのです。**

まずかけ算から始めましょう。「1つの皿にさくらんぼが8個あります。この皿3つでは、さくらんぼは全部で何個ですか？」という問題、これは「1つあたりの量」×「いくつ分」となります。この問題では、「1つあたりの量」は8個、「いくつ分」が3皿、「全体の量」が24個です。

次にわり算です。「さくらんぼが24個あります。これを3人で分けたら、1人あたりは何個ですか？」すぐ解ける簡単そうな問題ですが、先のかけ算とどのような関係があるのでしょうか。このわり算の文章題では、「1つあたりの量」は8個、「いくつ分」は3人、「全体の量」は24個に当たります。そうすると、「全体の量（24個）」÷「いくつ分（3人）」＝「1つあたりの量（8個）」となります。**かけ算の逆数になっています。このわり算は24個を3人で等しく分けているので「等分除」といいます。わり算にはもうひとつ「包含除」というものがあります****（137ページ参照）**。このように考えるとわり算は、奥が深そうだと気がついた方もいるのではないでしょうか。

かけ算とわり算
との間にある
関係を
知っておこう

地動説の先駆者は古代ギリシヤのアリスタルコス

かけ算とわり算との間にある関係

包含除《ほうがんじょ》と呼ばれるわり算

問題

24個のさくらんぼがあります。1人あたりに8個のさくらんぼを配りたいと思います。何人に配ることができますか

↑

24個の中に8個のかたまりがいくつ分あるかというわり算

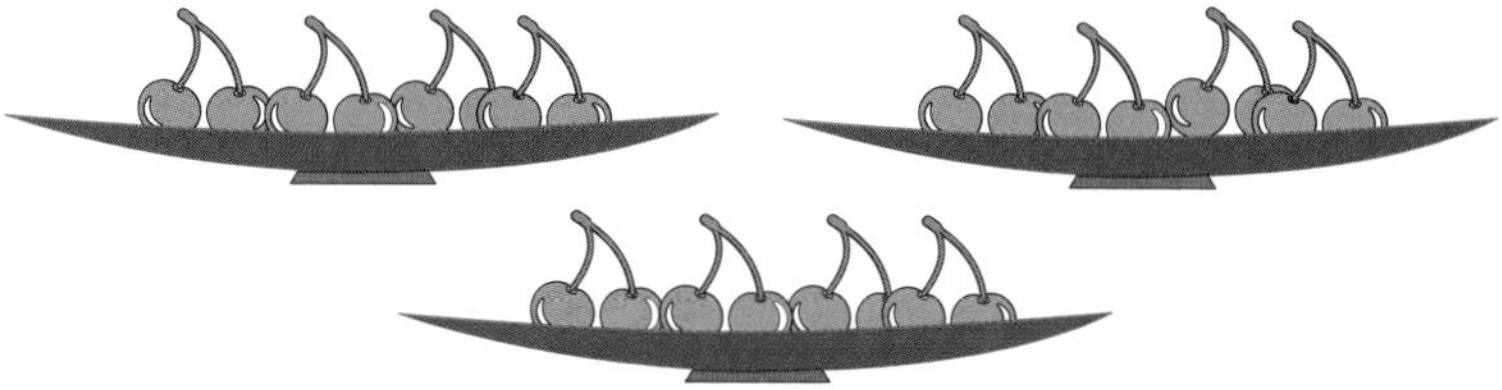

24÷8=3という式で3人に配ることができます。このわり算では、「全体の量」が24個、「1つあたりの量」が8個、「いくつ分(何人分)」が3人です

「1つあたりあたりの量」×「いくつ分」=「全体の量」

↓

「全体の量」÷「いくつ分」=「1つあたりの量」⇒等分除

「全体の量」÷「1つあたりの量」=「いくつ分」⇒包含除

ピタゴラス数は直角三角形の辺の長さとして表現される

パラドックスの不思議な世界

◆逆説や背理から生まれる意外な結末

パラドックスとは正しいと思われる前提や結論から、まったく異なる結論にたどりついてしまう問題のことをいいます。逆説、背理、逆理とも言われます。たとえば、「タイムトラベルのパラドックス」という有名な話があります。これは未来から過去にタイムマシンで戻ることができると仮定すると、過去で起きた出来事を変えることができてしまい、未来が変わってしまう可能性があるという問題です。

つまり、もし自分が過去の出来事を変えてしまったら、その結果、自分自身が生まれることがなくなってしまうという矛盾が生じます。

有名なパラドックスとしては「ソクラテスのパラドックス」もあります。これはギリシヤの哲学者ソクラテスが言ったとされる「私は何も知らない」という言葉に関連しています。この言葉は、謙虚さを醸し出しているように感じる言葉ですが、同時にソクラテスが何も知らないというならば、彼がそれを知っていることになってしまうという矛盾も含んでいる言葉でもあります。

このようにパラドックスの問題についての歴史は古く、古代ギリシヤ時代から存在していました。

パラドックスの問題は古代ギリシヤ時代から存在してました

「0 ＝ゼロ」は5世紀頃にインドで誕生しました

パラドックスの不思議な世界とは?

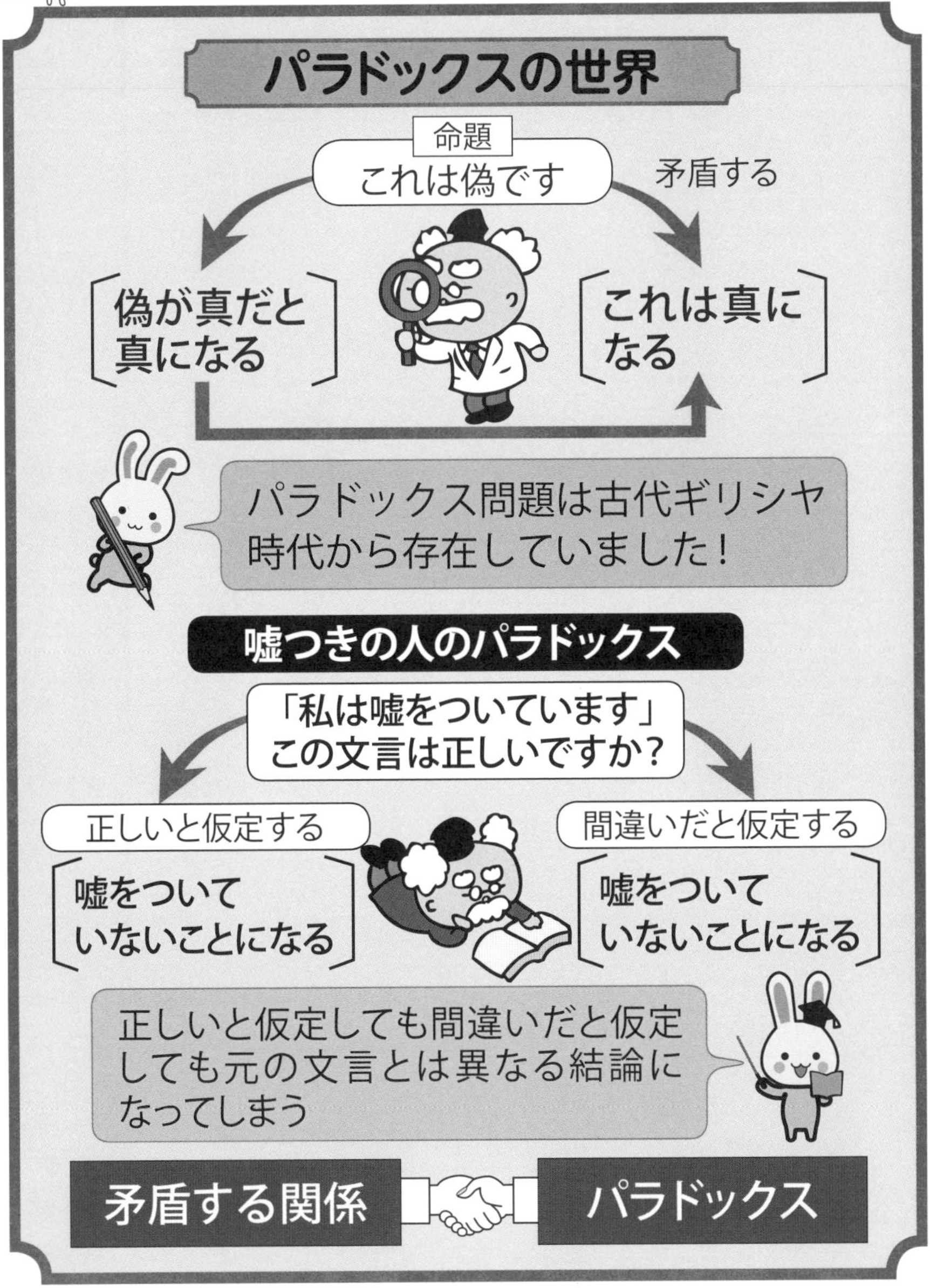
パラドックスの世界
命題
これは偽です
矛盾する
偽が真だと真になる
これは真になる
パラドックス問題は古代ギリシヤ時代から存在していました!
嘘つきの人のパラドックス
「私は嘘をついています」この文言は正しいですか?
正しいと仮定する
嘘をついていないことになる
間違いだと仮定する
嘘をついていないことになる
正しいと仮定しても間違いだと仮定しても元の文言とは異なる結論になってしまう
矛盾する関係
パラドックス

「0 =ゼロ」というよび名はイタリア語からきてます

与えられた条件から答えを求める

◆論理的な思考力が身につく

数学の問題は解けば解くほど、論理的な物事を考える力がつきます。数学的なセンスを身につけていれば、与えられた条件から、真実を導き出すこともできるのです。

たとえばA＝B、B＝Cという条件を満たしているA、B、Cがあったとしましょう。

A＝B、B＝Cというふたつの条件から、A＝Cということがわかりますね。これが論理的に物事を考えるということなのです。

ひとつ問題を出してみましょう。

【問題】Aさん、Bさん、Cさんが100点満点のテストを受けました。一人だけ100点をとっています。Aさん、Bさん、Cさんは次のようにコメントを残しています。**100点をとった一人だけ**が本当のことを言っています。100点をとったのは誰でしょうか？

Aさん「100点をとったのはBさんではありません」

Bさん「100点をとったのはCさんではありません」

Cさん「私が100点をとりました」

この問題を論理的に解いていくと141ページのようになります。

数学の問題は
論理的な
思考力をつける
ことができます

ヒポクラテスは古代ギリシヤ時代は医師でした

与えられた条件から答えを導き出す

問題

Aさん、Bさん、Cさんのうち、100点をとった一人だけが本当のことを言っています。100点をとったのは誰でしょうか?

Aさん　A⇒100点をとったのはBさんではない

Bさん　B⇒100点をとったのはCさんではない

Cさん　C⇒私が100点をとりました

Aの言い分が真実だと仮定	Bの言い分が真実だと仮定	Cの言い分が真実だと仮定
⇒Bさんの言い分も真実になる ⇒「一人だけ」という条件に矛盾する	⇒AさんとCさんが嘘をついている ⇒矛盾しません	⇒Aさんの言い分も真実になる ⇒「一人だけ」という条件に矛盾する
矛盾する	矛盾しない	矛盾する

［Bが100点をとった人です］

仮説を立てて与えられている条件と矛盾しているものを除いていくことで真実が見えてきます!

トレミーの定理のトレミーは天文学者でした

盗まれた鳥の数は何羽だった？

◆公倍数を使って問題を解決する

美加さんは鳥が大好きでした。バードウォッチングに野山に出かけることもたびたびありましたが、飼っている３００羽の鳥の世話をするのが何よりの楽しみでした。

あるとき鳥泥棒が入り、鳥のなかでも高価なものが盗まれてしまったのです。

あわてて警察に駆け込みました。

「私の大切な鳥が盗まれました」

「では被害届を出してください」

「２００羽近くだと思います」

「どんな鳥が何羽盗まれたのか、内訳を言ってください」

「盗まれたうちの$\frac{1}{3}$がアフリカ産です。$\frac{1}{4}$が南アメリカ産で、$\frac{1}{5}$がオーストラリア産、$\frac{1}{7}$が東南アジア産で、$\frac{1}{9}$が中国産です」

美加さんは、かなりあわてていたので、ひとつだけ、数字をいい間違えてしまっていたのです。

盗まれた鳥たちは、全部で何羽でしょうか。

ひとつひとつ整理していけば解答にたどりつけます

ピタゴラスは「万物は数である」といいました

いったい何羽盗まれたのでしょうか？

①4、5、7、9の最小公倍数
4 × 5 × 7 × 9 = 1260
②3、4、5、7の最小公倍数
3 × 4 × 5 × 7 = 420
③3、4、5、9の最小公倍数
4 × 5 × 9 = 180
④3、4、7、9の最小公倍数
4 × 7 × 9 = 252
⑤3、5、7、9の最小公倍数
5 × 7 × 9 =315

美加さんのいっていることをまとめてみると

- 盗まれた鳥の数のちょうど$\frac{1}{3}$といっている→3の倍数
- 同じように4の倍数でもあり、5の倍数でもなければならない
- さらに7の倍数であり、9の倍数でもなければならないことから最小公倍数を考えると

200を超えてしまう

- そこで、3、4、5、7、9のどれかを省いた場合を計算して、200より少なくなる数を求めればよい
上のように計算すると③だけが200以下となり、180羽ということがわかる

盗まれた鳥の数は180羽

哲学者と初めて名乗ったのはピタゴラスです

間違いやすい平均時速の問題

◆平均ではなく平均時速に注目

さあ考えてみてください。

Aさんが、家から12km離れた友人の家へ行くのに、行きは時速6kmで歩き、帰りは時速4kmで歩きました。

Aさんの平均時速はいくらでしょうか。

「そんなの簡単じゃない」と、いった人、本当ですか?

もう一度考えてから答えてみてください。

「行きが6kmで、帰りが4kmで歩いたのだから、その平均をとればいいので、時速5kmですね」と答えたあなた、みごとに〝落とし穴〟に落ちてしまったようですね。

そんなに簡単ではありません。

平均を出すのではなく、平均時速について答えなければいけないことを、よく考えてみる必要があります。

行きと帰りの距離を、かかった時間で割ることによって平均時速がでます。

くれぐれも時速だけを足して、2で割ることのないように、この種の問題は注意が必要です。

行きと帰りの
速さの平均
を求めて
しまいそうです

3代で8人の数学者を生んだスイスの天才・ベルヌーイ家

うっかりすると間違えてしまいます

平均時速の考え方

Aさん
友人の家

Aさんの家→友人の家　12km
歩いた距離は往復で
12 × 2 = 24km
時間は
行き　12 ÷ 6 = 2 時間
帰り　12 ÷ 4 = 3 時間
2 + 3 = 5 時間
24km の道のりを 5 時間で歩いたのだから
24 ÷ 5 = 4.8

平均を求めるからといって(6+4)÷2=5と解いてもダメです

ここがポイント

平均ではなく平均時速を出す

4.8kmが正解

中国では9という数字は「皇帝の数」といわれてます

ちょっと難しい数学の問題です

◆条件を整理して方程式を作成する

ジョージの牧場では羊を飼っています。

羊27匹は、6週間でひとつの牧場の草を、食べつくしてしまいました。

9週間では23匹の羊が食べつくしてしまいました。

では羊が21匹のときには、何週間で牧場の草を食べつくしてしまうか、わかりますか?

ただしこのとき注意しなければならないことは、草が一定の成長をしているということです。

牧場の草は、食べたところは二度と生えないというわけではないところが、この問題の難しい点です。

条件を整理してまず方程式を作成することが、この問題を解く第一歩となります。

ヒントは羊1匹が食べる1週間分の牧草を1とし、牧場全体の草の量をx、1週間で生えてくる草の量をy、21匹の羊が食べつくすまで何週間かかるのかをzと仮定することです。

あとは条件に従いながら、147ページのような方程式を組み立てれば大丈夫です。

条件に従いながら方程式をつくるのがポイントです

サイコロ博打に勝つために確率論が生まれました

なかなか手強い数学の問題です

難しい問題を解いてみる

ポイント

羊1匹が食べる1週間分の牧草……1とする
牧場全体の草の量を……………………xとする
1週間で生える草の量を…………… yとする
21匹の羊が食べつくす週数…………zとする

上記の条件で下記のような方程式ができる

$x + 6y = 27 \times 6$——①
$x + 9y = 23 \times 9$——②
$x + zy = 21z$———③
②−①　$3y = 45$
$y = 15$
$y = 15$ を①に代入して
$x + 90 = 162$
$x = 72$
$x = 72$、$y = 15$ を③に代入する
$72 + 15z = 21z$
$z = 12$

色々な条件が混ざっている一見複雑そうな問題も条件をひとつひとつ整理していくと徐々に答えが見えてくるものだ。日常生活においても問題に直面した際には同様なことがいえるのでは？

古代エジプトの遺跡からサイコロは多数発見されています

17頭のロバは遺言通りに分けられるか？

◆このままでは分けられません！

3人の子どもを残して、父親が亡くなりました。父親は3人の子どもに、遺言を残しました。

「遺産はロバが17匹いるので、それを3人で分けるように。長男は2分の1、長女は3分の1、そして次男は9分の1を、それぞれ分けなさい」というものでした。

3人は父の遺言で、ロバを分けることができないことを悩んでいました。

そこへ、1匹のロバを連れた牧師が通りかかり、子どもたちの悩みを聞きました。

牧師は、17匹のロバに自分の連れていたロバを加えて18匹として、長男に9匹のロバを、長女には6匹、次男には2匹のロバを与えると、残った1匹のロバを連れて立ち去ったといいます。

3人の子どもは、さすが牧師だけあって素晴らしいと驚きました。そしてそれからも、3人力を合わせて、それぞれのロバを大切に世話をして、暮らしたということです。

現状を少し変えるだけで難問が解決してしまうことがあります。

ちょっとしたコツで問題を解決することができます

日食の予言をしていたタレスの定理のタレス

17頭のロバを3人で分けることができた?

父親の遺言通りにロバを分けてみる

父の遺言

長男 $\frac{1}{2}$、長女 $\frac{1}{3}$、次男 $\frac{1}{9}$

通りかかった牧師が自分のロバを足す
17 ＋ 1 ＝ 18
（長男には 9 匹、長女には 6 匹、次男には 2 匹）
遺言通り
牧師は自分のロバを 1 匹連れて帰る

長男 9 匹、長女 6 匹、次男 2 匹
に分けて、1 匹連れて帰る

ニュートンは造幣局の局長を務めていました

贋物《にせもの》の金貨を探し出す！

◆論理的に調べた結果を分析する

8枚の金貨があります。この中に1枚だけ贋物の金貨があります。贋物は、見た目ではほかの7枚と変わりはありませんが、重さが少しだけ軽いことが大きな違いです。さて、どの金貨が贋物か、天秤ばかりを使って見つけてみましょう。ただしこの天秤ばかりを使うことができる回数は、2回だけです。

金貨を4枚ずつ半分に分けて調べることは天秤ばかりが2回しか使えないので、意味がありません。

8枚の金貨を、3枚、3枚、2枚の3つに分けて調べる方法がよさそうです。

これがヒントです。

この問題を解く鍵は調べたときの結果がどうなるか、そのパターン別に解決することです。その結果が何を示しているかがわかれば、次にどのようにすればよいかが予想できます。

論理的な思考のできる人は、このような問題を解くことが得意です。

皆さんもじっくり考えてみてください。答えを読めば「そんなことか…」と思う問題なのです。

パターン別に調べた結果がどうなるか考えていきましょう

「0＝ゼロ」がヨーロッパに伝わったのは中世です

贋物の金貨を見つけ出す方法

天秤ばかりを2回だけ使って贋物を見つけ出す

① 8 枚の金貨を 3 枚、3 枚、2 枚に分け、3 つのかたまりにする

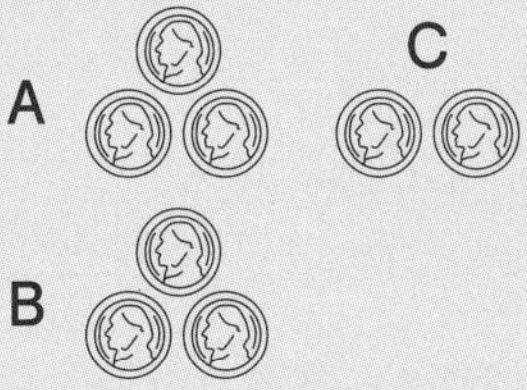

② 3 枚ずつのかたまり A、B を天秤ばかりに載せる……1 回

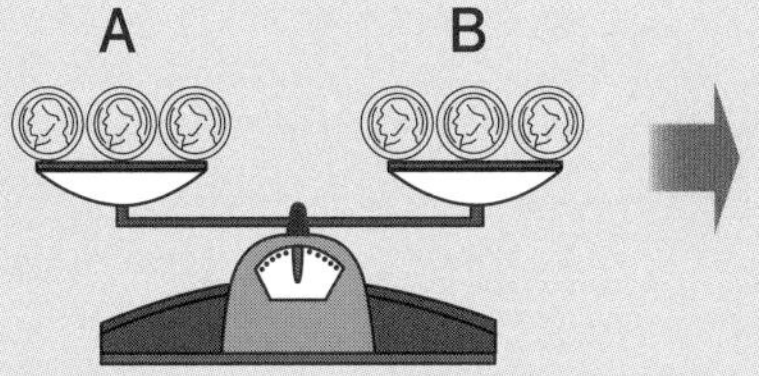

つり合ったら
C を調べる

③ A と B がつり合ったとき A と B がつり合わないときに分けて考える

- A と B がつり合ったら C の金貨を 1 枚ずつ天秤ばかりに載せる……2 回
  軽いほうが贋物であることがわかる

つり合わないとき

B が軽くなったとしたら、B の 3 枚のうちから 2 枚を選び天秤ばかりに載せる……2 回

つり合ったとき

残りの 1 枚が贋物となる

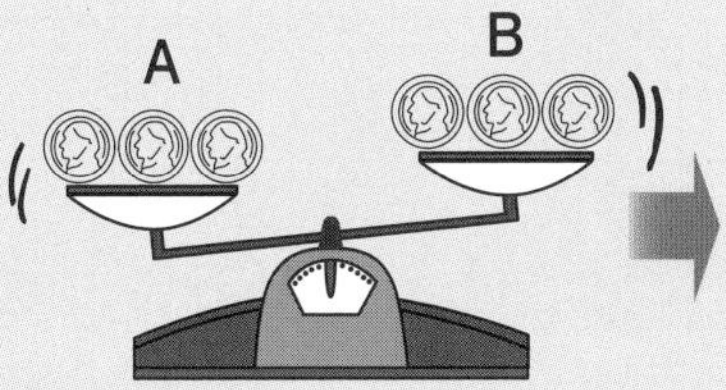

B の 3 枚から、2 枚をとり出し調べる

「0 ＝ゼロ」の発見により10 進法が生まれました

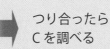

このトリックを見破れますか

◆100円はどこに消えた？

A子さんとB子さん、それにC君が工作で使う材料を買いにホームセンターへ行きました。

板と布は合計で3000円でしたので、1人1000円ずつ出すことにして、店員にお金を渡しました。

店員が店の奥で板と布を包んでいると、店の主人がやってきて「学校の教材だろうから500円まけてやっていいよ」と、店員に500円渡しました。

500円を受け取った店員は、急いで200円をポケットに押し込むと、残りの300円を「300円まけとくから」といって1人に100円ずつ返してあげました。

A子さん、B子さん、C君の3人は、1人900円ずつを出したことになったので、得をした気分で、顔を見合わせてよろこびました。

さて、ここで3人で2700円を出したことになったのですが、店員がポケットに入れたのが200円ですから、合計すると2900円にしかなりません。では100円はどこにいってしまったのでしょうか？

よーく考えてみてください。

200円は
本当に消えて
しまったので
しょうか？

1週間が7日なのは神が7日で天地創造をしたからです

100円はどこに消えてしまったのか？

トリックを見破れ!!

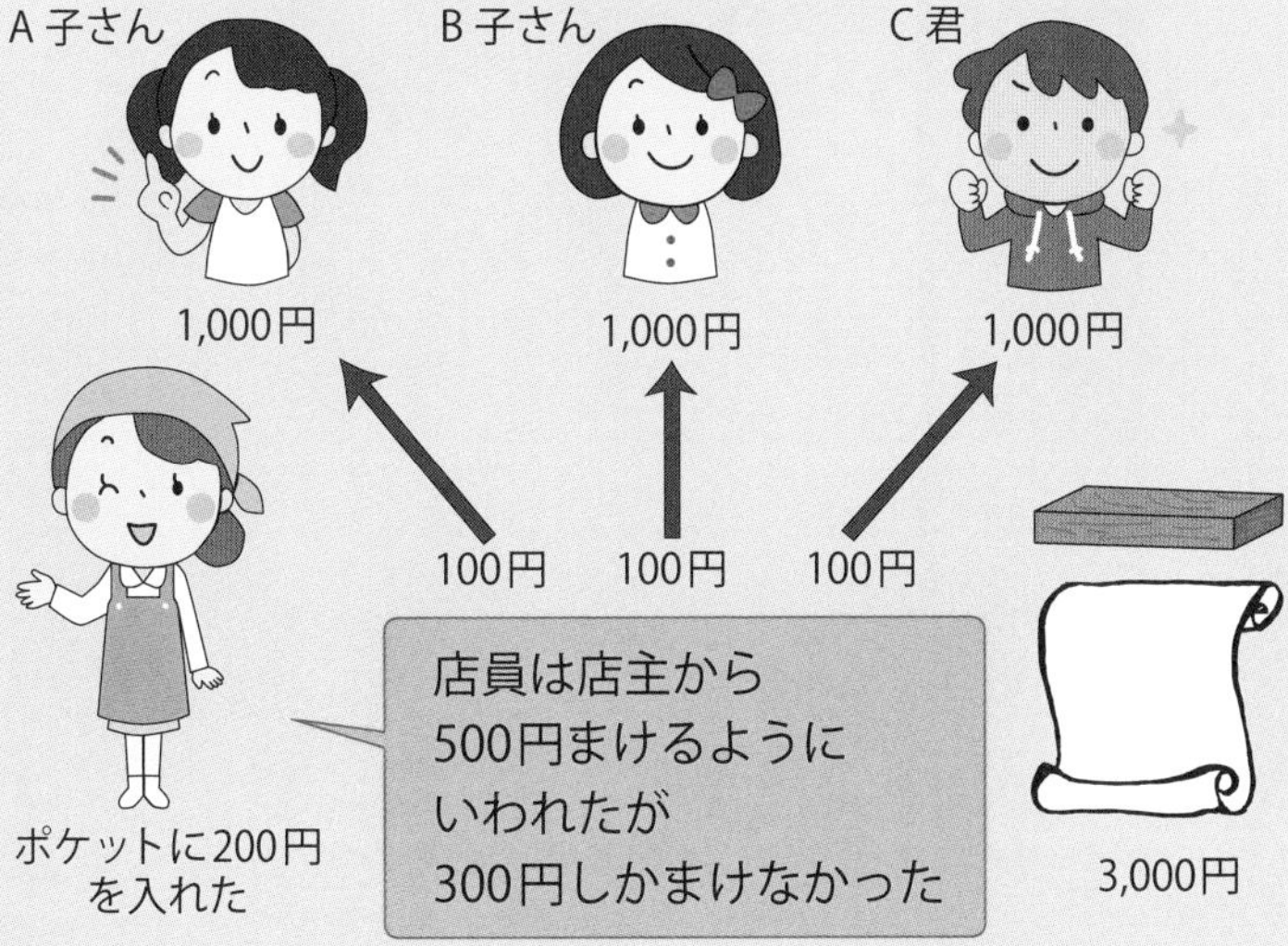
A子さん
B子さん
C君
1,000円
1,000円
1,000円
100円
100円
100円
ポケットに200円
を入れた
店員は店主から
500円まけるように
いわれたが
300円しかまけなかった
3,000円

3,000円から500円を（店主によって）まけてもらった
この500円のうち300円を3人に返し
残りの200円を店員はポケットに入れた
（3000－500）＋300＋200＝3,000となる

3人が1人900円ずつ出したことになる

900×3＝2,700
店員のポケットの200
⇒2,900円
にしかならない

トリックはここ
3人が払った2,700円と店員の200円は
何の関係もないということを知っていないといけない

4000年前のエジプトでは円周率は3.16でした

日常生活に影響を与えた数学者⑥

フローレンス・ナイチンゲール

(1820年〜1910年)

近代看護の創始者であり「統計学の祖」としても有名

フローレンス・ナイチンゲールといえば白衣の天使、「近代看護教育の生みの親」と称され有名ですが、実は**数学や統計の世界でも深い関係があることはあまり知られていません**。ナイチンゲールは幼い頃から高等数学の教育を受け、自身も数学や統計に関心をもっていました。

ナイチンゲールは、イギリスの富裕な家庭に生まれました。彼女は幼い頃から看護師になることを夢見ており、１８５１年にドイツのベルリン、カイゼルスベルト学園で看護師の訓練を受けます。１８５４年、クリミア戦争が勃発すると、ナイチンゲールは38人の看護師を率いて、オスマン帝国のイスタンブールに隣接する野戦病院に赴任しました。

この病院で、看護師団の一員として野戦病

ナイチンゲールの主な功績

- 衛生改善と感染症予防
- 統計データ分析とグラフ化
- 看護教育の革新
- 看護師の社会的地位の向上

ナイチンゲールの誕生日である5月12日は「国際看護師の日」に定められています

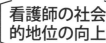

院に従事したナイチンゲールは、傷病兵の看護活動に尽力しました。そこの**病院に運ばれてくる傷病兵たちが、戦闘で受けた傷ではなく、その後の治療法や衛生上の問題で死に至ってしまうことに気づいたのです。**ナイチンゲールは、衛生状態を改善し、傷病兵の死亡率を大幅に減らすことに貢献しました。

統計に詳しい知識をもっていたナイチンゲールは、軍の傷病兵が衛生状態の問題で亡くなっている現状をデータとして集め分析し、国会議員らにプレゼンテーションをしたのでした。ナイチンゲールは帰国後、看護学校の設立や、看護師の教育に力を入れ、看護師の地位向上や、看護の質向上にも貢献します。彼女の功績は、世界中で高く評価され、1907年、イギリス王からメリット勲章を授与されました。ナイチンゲールは、女性として初めて王立統計学会の会員に選ばれるなど、統計学の先駆者として人々の間に、今なおその名をとどめているのです。

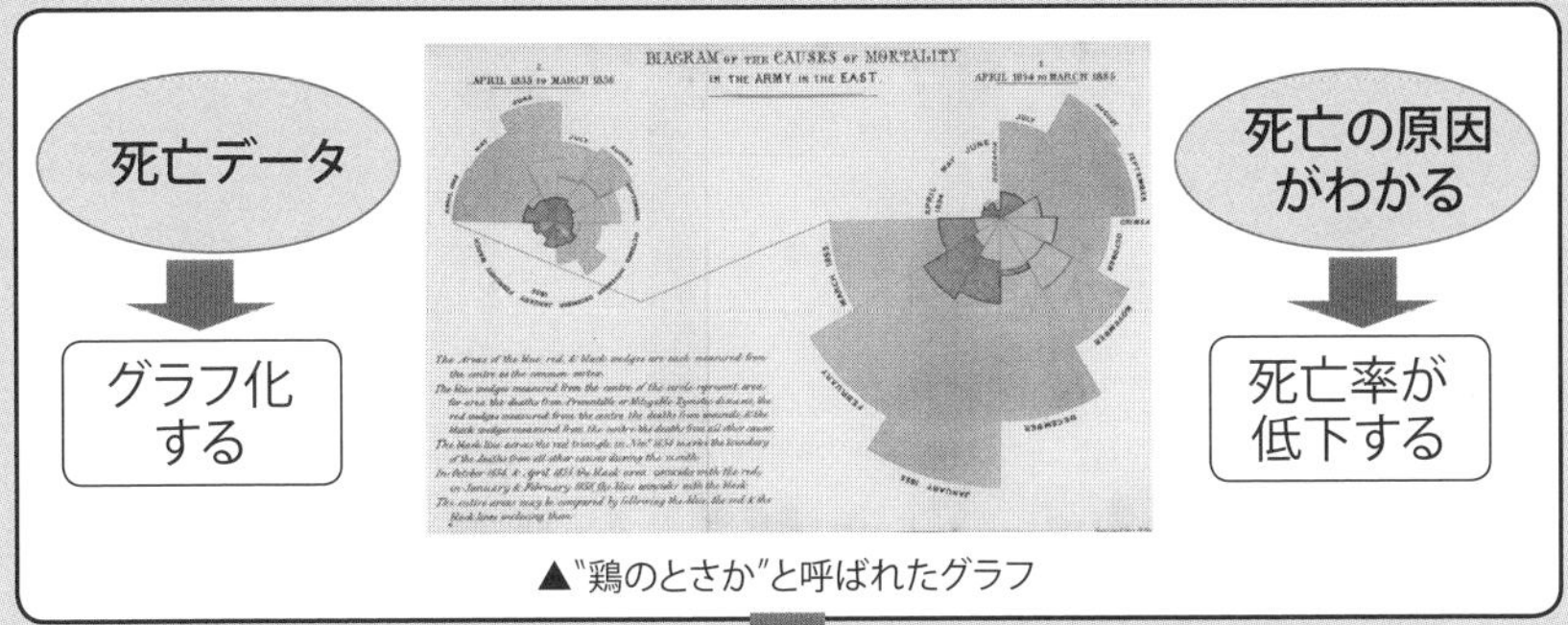
死亡データ
グラフ化する
死亡の原因がわかる
死亡率が低下する

▲"鶏のとさか"と呼ばれたグラフ

グラフ化することで視覚的に全体像がわかる

統計データをグラフ化する手法を取り入れたのはナイチンゲールが初めてです。"鶏のとさか"のグラフは現在ではレーダーチャートとして活用されています

ナイチンゲールは「クリミアの天使」「光を掲げる貴婦人」などとよばれています

「デロスの問題」とはどのようなものでしょう

紀元前の頃のことです。ギリシアのデロス島に、伝染病がはやり、大勢の人が亡くなりました。島の人々はデロス島の守護神アポロンに救いを求めたのです。すると、神より「2倍の大きさで、立方体の祭壇をつくりなさい」とお告げがありました。人々は1辺の長さが2倍の祭壇をつくりましたが、伝染病はおさまりません。

それもそのはず、1辺の長さを2倍にしたために、体積は2倍ではなく、8倍になってしまっていたからです。

どうしてよいのか困った人々は、当時の有名な数学者プラトンに相談しました。するとプラトンは、1辺の長さを$\sqrt[3]{2}=1.2599$、約1・26倍の辺の長さの立方体をつくると、2倍の体積の立方体ができることを教えるのです。

これは伝説としてのお話ですが、**ギリシアの三大難問のうちのひとつで、長年解かれることがなかったものとして、今に伝わっています。**

aは立方体の1辺の長さで、体積はa^3、2倍の体積は$2a^3$その1辺をxとする

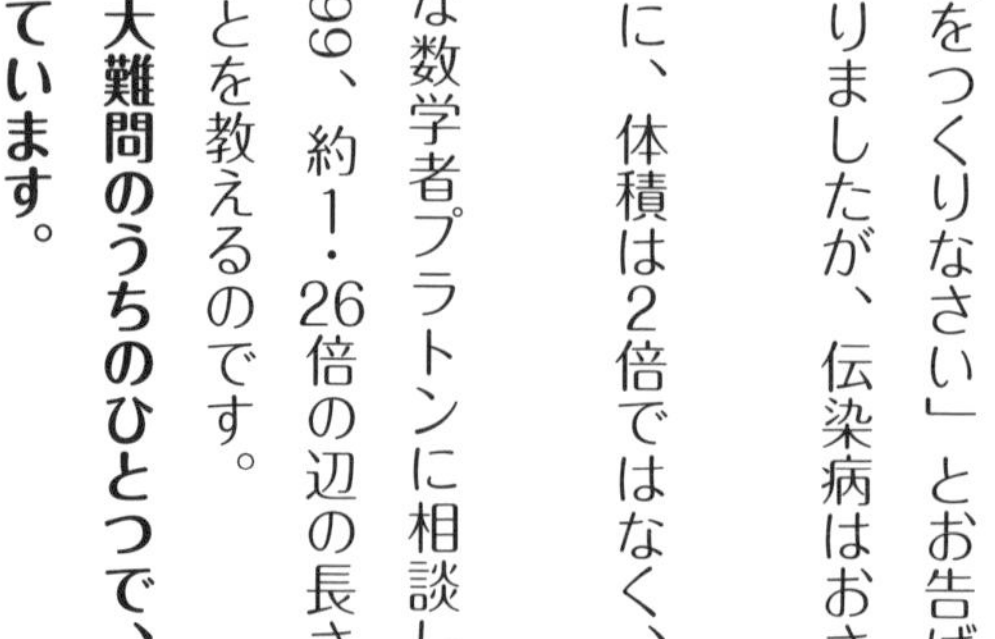
科学が発達した
現代でも解決でき
ない問題はまだ
たくさんあります

と$x^3=2a^3$となりますが、立方根の解を、定規とコンパスだけで、作図が可能かということです。立方体倍積問題とよばれ、2000年以上もの長い年月数学者を悩ませ続けたのです。

作図では平方根までしか求められないという理由から、19世紀に「不可能」という結論が下されることとなりました。

三大難問の残る二つも、同じく作図不可能なのですが、参考までに問題をあげておきます（いずれも定規とコンパスのみでの作図）。

①立方体の体積の、2倍の体積を有する立方体をつくる**（立方体倍積問題）**

②任意にあたえられた角を3等分する**（角の三等分問題）**

③あたえられた円と等しい面積の正方形をつくる**（円積問題）**

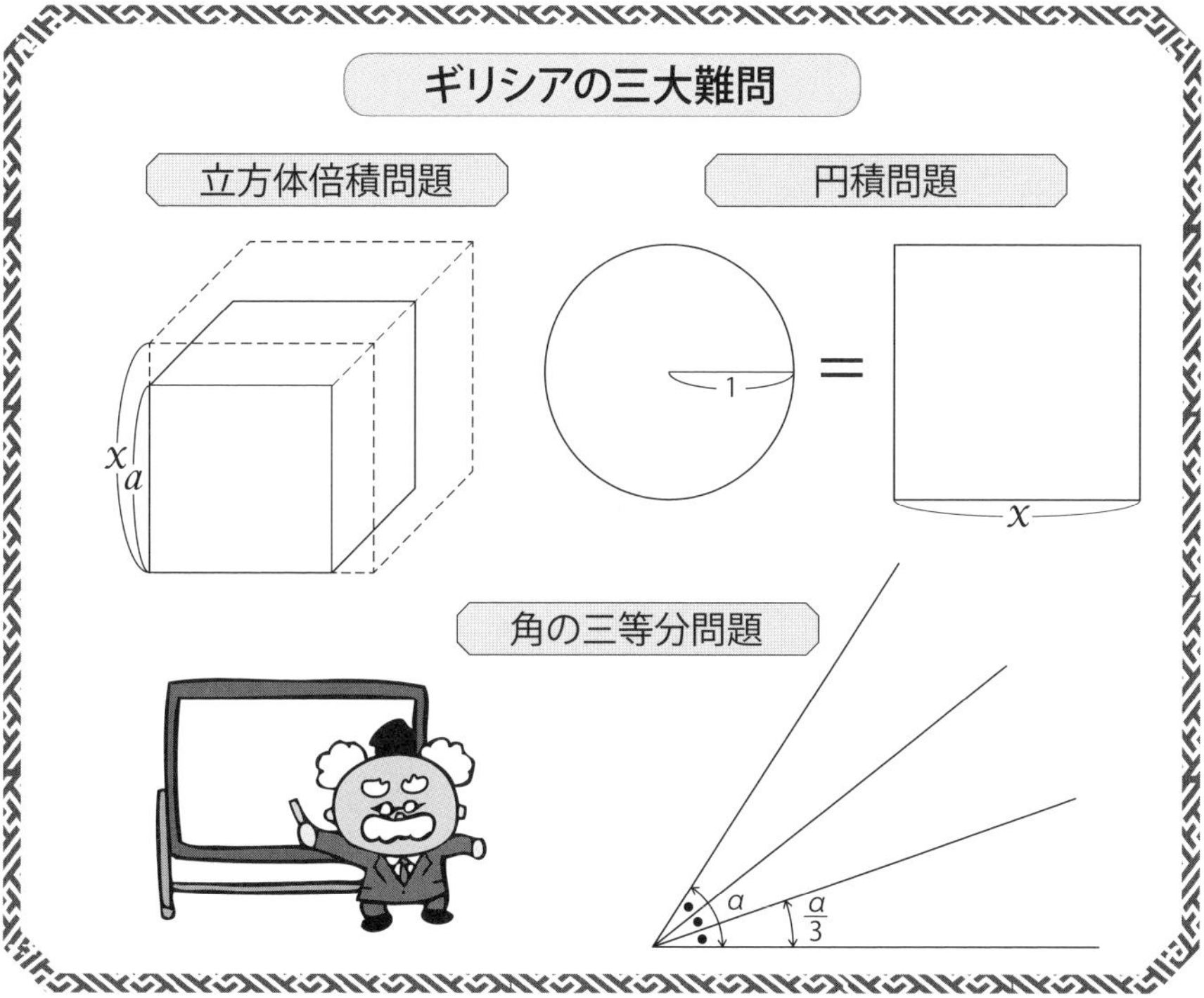

Column 6

“非常にたくさん”という意味がある「九」という字

「九」という漢字は、中国の古典のなかでは〝たくさん〟という意味を表します。

同じような漢字に「三」があります。こちらも〝たくさん〟という意味を表します。一説によりますと、「三」の一番上の「一」は天を表し、下の「一」は地を表しています。

真ん中の「一」は人を表し、「三」という漢字は「天・人・地」で宇宙全体という意味になります。すなわち「三」は〝たくさん〟ということを表します。「九」は「三」の三倍です。

つまり「九」は「三」以上にもっとたくさんのものがあるということになります。

故事成語で「九死に一生」「九牛の一毛」の「九」は「非常にたくさん」という意味を表しています。

参考文献

人に話したくなる数学おもしろ定理（関根章道著／技術評論社）
数字に強くなる虎の巻（話題の達人倶楽部編／青春出版社）
数の大常識（秋山仁 監修／ポプラ社）
算数おもしろ大事典（学習研究社）
算数がたのしくなるおはなし（桜井進 著／PHP研究所）
思わず教えたくなる数学66の神秘（仲田紀夫 著／黎明書房）
マンガ・数学小辞典（阿部恒治 著／講談社）
小学生でも知っておくべき！ 数学のはなし（白石拓 監修／辰巳出版）
はじめて読む数学の歴史（上垣渉 著／角川ソフィア文庫）
読む数学記号（瀬山士郎 著／角川ソフィア文庫）
世界一役に立つ 数と数字の本（小宮山博仁 監修／三笠書房）
生活に役立つ高校数学（佐竹武文 編著／日本文芸社）
面白いほどよくわかる算数（小宮山博仁 著／日本文芸社）
面白いほどよくわかる数学（小宮山博仁 著／日本文芸社）
眠れなくなるほど面白い 図解 数学の定理（小宮山博仁 監修／日本文芸社）
眠れなくなるほど面白い 図解 統計学の話（小宮山博仁 監修／日本文芸社）

【監修者略歴】

小宮山博仁（こみやま　ひろひと）

1949年生まれ。教育評論家。放送大学非常勤講師。日本教育社会学会会員。50年程前に塾を設立。教育書及び学習参考書を多数執筆。最近は活用型学力やPISAなど学力に関した教員向け、保護者向けの著書、論文を執筆。

著書：『塾——学校スリム化時代を前に』（岩波書店・2000年）、『面白いほどよくわかる数学』（日本文芸社・2004年）、『子どもの「底力」が育つ塾選び』（平凡社新書・2006年）、『「活用型学力」を育てる本』（ぎょうせい・2014年）、『はじめてのアクティブラーニング社会の？〈はてな〉を探検』全3巻（童心社・2016年）、『眠れなくなるほど面白い　図解　数学の定理』『眠れなくなるほど面白い　図解　数と数式の話』（監修/日本文芸社・2018年）『眠れなくなるほど面白い　図解　統計学の話』（監修/日本文芸社・2019年）、『大人に役立つ算数』（角川ソフィア文庫・2019年）、『持続可能な社会を考えるための66冊』（明石書店2020年）『危機に対応できる学力』（明石書店・2022年）『文化資本とリベラルアーツ』（明石書店・2023年）、『世界一役に立つ 数と数字の本』（監修／三笠書房・2023年）など。

眠《ねむ》れなくなるほど面白《おもしろ》い

図解《ずかい》プレミアム　数学《すうがく》の定理《ていり》

2023年8月10日　第1刷発行

2024年4月10日　第2刷発行

監修者

小宮山博仁《こみやまひろひと》

発行者

吉田芳史

印刷所

株式会社光邦

製本所

株式会社光邦

発行所

株式会社 日本文芸社

〒100-0003　東京都千代田区一ツ橋1-1-1 パレスサイドビル8F

TEL.03-5224-6460（代表）

＊

112230727-112240325 Ⓝ02（300068）

ISBN978-4-537-22125-1

編集担当・坂

※本書は2018年5月発行の『眠れなくなるほど面白い 図解 数学の定理』を元に新規原稿を加え、大幅に加筆訂正し、再編集したものです。

内容に関するお問い合わせは、小社ウェブサイトお問い合わせフォームまでお願いいたします。

ウェブサイト https://www.nihonbungeisha.co.jp/